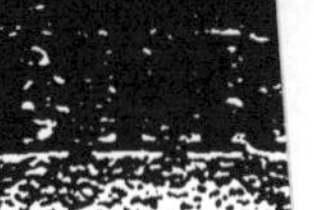

DU

JALONNEMENT

AYANT POUR OBJET PRINCIPAL

LA MESURE DES DISTANCES ET LE TRACÉ DES ALIGNEMENTS

DROITS ET COURBES SANS INSTRUMENTS,

AVEC UNE PETITE

DIGRESSION SUR DIVERSES SOLUTIONS GRAPHIQUES

ET UNE NOUVELLE COURBE TRISECTRICE POUVANT SERVIR

A LA DIVISION DU CERCLE,

LE TOUT

SUIVI DE PLUSIEURS MÉTHODES ANALYTIQUES

ANCIENNES ET NOUVELLES

DE RACCORDEMENT DE LIGNES DROITES

ET ORNÉ DE 15 PLANCHES CONTENANT ENSEMBLE 96 FIGURES

PAR

M. DESJARDINS, Ex-Inspecteur-Voyer,

AUTEUR DE LA

Revue des Diverses Méthodes de Quadrature en usage.

NOYON.

IMPRIMERIE ET LITHOGRAPHIE D. ANDRIEUX,

5, Rue du Nord, 5.

1880.

GÉOMÉTRIE

DU

JALONNEMENT

GÉOMÉTRIE

DU

JALONNEMENT

AYANT POUR OBJET PRINCIPAL

LA MESURE DES DISTANCES ET LE TRACÉ DES ALIGNEMENTS

DROITS ET COURBES SANS INSTRUMENTS,

AVEC UNE PETITE

DIGRESSION SUR DIVERSES SOLUTIONS GRAPHIQUES

ET UNE NOUVELLE COURBE TRISECTRICE POUVANT SERVIR

A LA DIVISION DU CERCLE,

LE TOUT

SUIVI DE PLUSIEURS MÉTHODES ANALYTIQUES

ANCIENNES ET NOUVELLES

DE RACCORDEMENT DE LIGNES DROITES

ET ORNÉ DE 15 PLANCHES CONTENANT ENSEMBLE 96 FIGURES

PAR

M. DESJARDINS, Ex-Inspecteur-Voyer.

AUTEUR DE LA

Revue des Diverses Méthodes de Quadrature en usage.

NOYON.

IMPRIMERIE ET LITHOGRAPHIE D. ANDRIEUX,

5, Rue du Nord, 5.

1880.

Cette brochure se compose de quatre parties :

Les deux premières sont relatives à la Géométrie du Jalonnement ayant pour objet la mesure des distances et le tracé des alignements droits et courbes sans instruments ;

La troisième est une digression sur quelques solutions graphiques peu connues et sur la division du cercle en parties égales pour laquelle il a été fait usage, non pas de la conchoïde de Nicomède, mais d'une courbe trisectrice nouvelle ;

Enfin, la quatrième est un appendice renfermant diverses méthodes analytiques anciennes et nouvelles de raccordement d'alignements.

La brochure dont il est ici question a en tout temps un but général d'utilité; mais à cette époque de réorganisation de notre armée, elle devient aussi une brochure de circonstance; car elle me paraît destinée à être recherchée non seulement par les fonctionnaires civils, mais aussi par bon nombre d'officiers auxquels il importe de savoir apprécier les distances sans le secours d'instruments qui souvent ne se trouvent pas à leur disposition.

GÉOMÉTRIE DU JALONNEMENT

AYANT POUR OBJET PRINCIPAL

La mesure des distances et le tracé des alignements droits sans instruments (*).

PREMIÈRE PARTIE.

OBSERVATIONS PRÉLIMINAIRES.

Il est très utile en plus d'une circonstance, dans diverses branches du service public, et surtout à la guerre, de pouvoir mesurer des distances, prolonger des alignements sans le secours d'instruments, qui sont souvent détraqués et dont la plupart s'acquièrent et se transportent difficilement. Quelques ouvrages de géométrie pratique traitent ce sujet : il y en a même, entre autres, un très recherché des Ingénieurs militaires et civils ; il a paru en l'an XII sous le titre modeste de *Solutions peu connues de Géométrie pratique*, par Servois, professeur de mathématiques à l'école d'artillerie à Metz.

Mais cet intéressant opuscule, imprimé à une époque d'agitation, laisse beaucoup à désirer sous le rapport typographique ; d'ailleurs il n'en reste plus d'exemplaires chez les libraires, et il est à remarquer que les applications qui en sont l'objet ont reçu de grands développements. Les principaux théorèmes de la théorie des transversales, sur lesquels repose la brochure dont il est ici

(1) Il y a bien 2 solutions pour lesquelles il a été fait usage d'une équerre, mais c'est un instrument commun que l'on peut même au besoin faire soi-même, en se rappelant que deux diagonales égales se croisant en leurs milieux ne sont autres que les diagonales d'un rectangle.

fait mention, ont, en effet, été exposés d'une manière très élémentaire par leur auteur, le général Carnot; de plus, le général Poncelet, dans son traité des propriétés projectives, M. Gergonne, dans ses *Annales de Mathématiques*, M. Brianchon, dans un *Mémoire*, et M. Chasles, dans sa *Géométrie supérieure*, ont pris également pour sujet de leurs recherches cette partie des applications.

La brochure de M. Servois, si recherchée qu'elle soit, est donc aujourd'hui une brochure incomplète sous différents rapports ; et c'est autant pour suppléer à un ouvrage dont l'édition est épuisée, que pour tirer parti des progrès survenus, qu'il m'a paru utile de faire paraître une nouvelle géométrie du jalonnement que j'ai rédigée spécialement pour tout le personnel des agents civils et militaires s'occupant d'opérations graphiques. J'ajouterai que j'ai fait tous mes efforts pour rendre la lecture de cette géométrie nouvelle tout à la fois utile et agréable en prenant non des exemples abstraits, mais des exemples qui concernent les diverses opérations que l'on peut avoir à effectuer sur le terrain, lorsque l'on est pris au dépourvu et que l'on est privé de toute espèce d'instruments et de secours, comme il arrive assez souvent, je le répète, en temps de guerre.

Avant de faire connaître les diverses méthodes de mesure des distances et de tracé des alignements droits sans le secours d'instrument, je crois devoir d'abord rappeler le petit nombre de principes sur lesquels elles s'appuient, en signalant particulièrement quelques propriétés des transversales et des divisions harmoniques qui fournissent généralement les moyens les plus pratiques de résolution des problèmes sur le terrain.

Première proposition.

Planche 1, figures 1, 2 et 3.

La transversale droite OC (fig. 1) coupe les côtés du triangle EAB en 6 segments tels que le produit des trois qui n'ont pas d'extrémité commune égale le produit des trois autres, c'est-à-dire qu'on a l'égalité :

$$ED \times CB \times AO = DA \times EC \times BO.$$

Menez, en effet, AR parallèlement à EB, vous formerez les triangles semblables *ORA*, *OCB* *RDA*, *EDC* qui donnent lieu aux deux proportions :

$$RA : DA :: EC : DE, \text{ ou } RA \times DE = DA \times EC,$$
$$CB : RA :: OB : OA, \text{ ou } CB \times OA = RA \times OB\ ;$$

d'où en multipliant et en supprimant le facteur commun RA ED × CB × AO = DA × EC × BO (1), ce qu'il fallait démontrer.

La réciproque de cette proposition a lieu et elle se prouve comme la plupart des réciproques par un raisonnement à l'absurde.

La fig. 2 concerne le cas où la transversale OD coupe seulement les prolongements des côtés du triangle AEB, la démonstration pour ce cas est identique avec la précédente ; donc, le principe dont il s'agit est un principe général qui ne comporte aucune exception.

Corollaire 1 (fig. 3). — Pour le cas particulier où la transversale passe par le milieu D de l'un des côtés du triangle, le produit des trois facteurs se réduit à deux, et la relation (1) se transforme en la simple proportion :

$$CB \times AO = EC \times BO,$$

dont on peut faire un fréquent usage sur le terrain.

Deuxième proposition.

Planche 1, figures 4 et 5.

Si des sommets du triangle ABC (fig. 4) *on abaisse des*

droites sur chaque côté opposé, qui se croisent en un même point O, ces trois droites partageront aussi les côtés du triangle ABC en 6 segments tels que le produit des trois qui n'ont pas d'extrémité commune égale le produit des trois autres, ou en d'autres termes on aura encore :

$$AE \times FC \times DB = EB \times CD \times FA.$$

En effet, les triangles ABF BFC coupés l'un par la transversale EC, l'autre par la transversale AD, fournissent les deux égalités suivantes en vertu de la proposition (1) qui précède :

$$AE \times OB \times FC = EB \times OF \times CA,$$
$$BD \times FO \times CA = OB \times DC \times FA;$$

d'où en multipliant et en supprimant les facteurs communs $AE \times FC \times DB = EB \times CD \times FA$, (2) C. Q. F. D.

Le point de croisement O pourrait se trouver en dehors du triangle ; mais la démonstration pour ce cas particulier étant identique avec celle qui vient d'être donnée, nous conclurons que le principe dont il est ici question est un principe général qui ne comporte pareillement aucune exception.

La réciproque de cette proposition a également lieu et elle se prouve de même par un raisonnement à l'absurde.

Corollaire 1 (fig. 5). — Pour le cas particulier où l'une des droites abaissées passerait par le milieu D de l'un quelconque BC des côtés, les 6 facteurs de la relation (2) se réduisent à quatre et l'on a $AE \times FC = EB \times FA$, égalité qui n'est autre qu'une simple proportion dont on peut pareillement faire usage sur le terrain pour mener une parallèle EF à une droite donnée BC.

Troisième proposition.

Planche 1. figure 6.

DIVISION D'UNE LIGNE DROITE EN PARTIES HARMONIQUES.

Si l'on considère une ligne droite AB (fig. 6) *avec un*

point quelconque intermédiaire O, il y a toujours sur le prolongement du plus petit segment OB un point O' tel que la proportion $\frac{OB}{OA} = \frac{O'B}{O'A}$ *subsiste,* et c'est cette proportion que les anciens ont appelé *proportion harmonique.*

Nous allons voir que rien n'est plus simple que de déterminer numériquement le point O', les distances *OA OB* étant connues, et que de même le point O est une conséquence de la connaissance du point O', si inversement ce sont les segments *O'A O'B* qui sont les données.

D'abord, supposons les distances *OA OB* connues et qu'il s'agisse de déterminer le point O' de manière à satisfaire à la proportion harmonique :

$$\frac{OB}{OA} = \frac{O'B}{O'A} \qquad (1)$$

Le point O' étant inconnu désignons le segment O'B par x, par le fait de cette désignation la proportion (1) prend la forme

$$\frac{OB}{OA} = \frac{x}{OA + OB + x}$$

d'où l'on tire :

$$x \text{ ou } O'B = OB\left(\frac{OA + OB}{OA - OB}\right) \qquad (2).$$

C'est-à-dire que le point O', qui forme avec les points *A O B* une division harmonique, s'obtient en cherchant une quatrième proportionnelle aux trois distances *OB*, *OA + OB*, *OA — OB*, quatrième proportionnelle qui est égale, comme on voit, au plus petit segment multiplié par le rapport de la somme à la différence des deux segments connus *OA*, *OB*.

La forme de cette dernière formule est facile à retenir et il importe de l'avoir gravée dans la mémoire parce qu'il en est fait un fréquent usage dans la mesure des distances et le tracé des alignements sans instruments.

Si inversement on donnait les distances *AO' BO'* et

que l'on voulût déterminer le point O de manière à satisfaire à la proportion harmonique :

$$\frac{OB}{OA}=\frac{O'B}{O'A}.$$

On représenterait alors la distance inconnue OB par x et la proportion (1) deviendrait ;

$$\frac{x}{AB-x}=\frac{O'B}{O'A}$$

$$\text{d'ou } x \text{ ou } OB = O'B\left(\frac{O'A-O'B}{O'A+O'B}\right) \qquad (3)$$

expression semblable à la première et qui n'en diffère que par le rapport de la somme des segments à leur différence qui est, dans ce dernier cas, renversé.

Ainsi, lorsque le point O' est inconnu, le segment BO' (formule 2), est égal au plus petit segment connu multiplié par le rapport de la somme à leur différence, c'est-à-dire que l'on a $x > BO$, ou $BO' > BO$.

Et lorsque c'est le point O qui est inconnu, on a BO ou x égale le plus petit segment O'B multiplié par le rapport de la différence des segments à leur somme, c'est-à-dire que l'on a $BO' > x$ ou $BO' > BO$ inégalité semblable à la précédente et qui la confirme.

Ces formules 2 et 3 qui font connaître les points *O'O* selon que les distances connues sont *(OB, OA)* ou *(O'B, O'A)* (*) s'appliquent, je le répète, fréquemment, et c'est surtout la première que l'on ne doit jamais oublier.

Ces points *O O'*, qui dépendent l'un de l'autre, ont été appelés par les géomètres modernes *points conjugés*, ils ont aussi reçu dans ces derniers temps la dénomination de *points réciproques*.

La solution qui vient d'être donnée pour déterminer les points *O'* ou *O* est une solution numérique, mais les

(*) Ou en d'autres termes selon que la droite AB est partagée en segments additifs ou soustractifs.

solutions graphiques de la question forment l'objet de la proposition suivante.

Quatrième proposition.

Planche 1. figures 7, 8, 9 et planche 2, figure 21.

Déterminer graphiquement le point O' conjugé de O (fig. 7), *étant donnés les deux segments AO OB, c'est-à-dire que les 3 points A O B sont connus et qu'il s'agit de déterminer graphiquement le quatrième point O' qui satisfait à la proportion harmonique* $\frac{OB}{OA}=\frac{O'B}{O'A}$.

1re Solution. — Des points *A B* menez deux parallèles quelconques *Aa bb'*, puis par le point O tirez une droite quelconque rencontrant les parallèles en *a* et *b*; ensuite prenez *Bb'* = *Bb* et enfin menez la droite *ab'*; le point *O'* où cette dernière droite prolongée rencontre la ligne AB pareillement prolongée est le point cherché.

Les triangles semblables AO*a*, OB*b* fournissent en effet :

$\frac{OB}{OA}=\frac{Bb}{Aa}$ ou $\frac{OB}{OA}=\frac{b'B}{Aa}$ (puisque par construction $b'B = Bb$);

On a aussi $\frac{O'B}{O'A}=\frac{b'B}{Aa}$ (à cause des triangles semblables *O'b'B O'aA*), et par suite du rapport commun $\frac{OB}{OA}=\frac{O'B}{O'A}$, C. Q. F. D.

Si le point O' était connu avec les points *AB* (fig. 7) et que l'on voulût déterminer le point O, on y parviendrait ainsi qu'il suit :

On mènerait pareillement les parallèles *Aa bb'* passant par les points AB, puis une ligne quelconque passant par O' et rencontrant les parallèles aux points *a b'*; en

outre on prendrait $bB = b'B$ et l'on joindrait le point b au point a par une droite ; le point o de rencontre de cette dernière droite avec AB serait le point demandé ; cette solution s'explique comme la précédente, les constructions du reste étant tout à fait les mêmes, seulement il a été procédé dans un ordre inverse.

2e Solution. — Les distances *AO OB* sont encore données et il s'agit de trouver par un procédé différent de celui ci-dessus le point o' qui satisfait à la proportion harmonique $\frac{OB}{OA} = \frac{O'B}{O'A}$.

Sur AB (fig. 8) comme diamètre décrivez un cercle, par le point o faites passer la corde NN' perpendiculaire sur le diamètre, puis menez la tangente NO', le point o' de rencontre de cette tangente avec le prolongement du diamètre est le point cherché.

Pour démontrer la légitimité de cette solution, menez deux parallèles à la corde et prolongez la tangente ainsi qu'il est indiqué par la figure ;

D'abord, en vertu du parallélisme des lignes, on a $\frac{OB}{OA} = \frac{NP}{NR}$ ou $\frac{OB}{OA} = \frac{PB}{RA}$ (à cause que les tangentes *NP NR* sont égales aux tangentes PB RA).

On a aussi $\frac{O'B}{O'A} = \frac{PB}{RA}$ (à cause de la similitude des triangles O'PB O'RA) et par suite du rapport commun $\frac{OB}{OA} = \frac{O'B}{O'A}$ ce qu'il fallait déterminer.

Si au lieu des segments *AO OB* on donnait les segments *O'B O'A* et que l'on désirât avoir le point o, on opérerait ainsi qu'il suit :

Sur AB comme diamètre on décrirait un cercle et par le point o' on ferait passer les 2 tangentes à ce cercle puis on ménerait la corde de contact NN', et le point o,

où cette corde de contact rencontre le diamètre, serait le point cherché.

On se rendrait compte de ce procédé comme dans le premier cas.

Corollaire 1. — La solution graphique qui précède fait bien connaître la position des points conjugés ou réciproques *OO'*; aussi, n'ai-je pas l'intention de me livrer à une longue discussion sur les diverses positions affectées par ces points et je me bornerai à dire que, lorsque le point O (fig. 8) est près de B, son conjugué *O'* situé sur le prolongement de AB en est aussi très voisin, que si le point *o* se confond avec B, son conjugué O' se trouve pareillement sur la circonférence et se confond aussi avec B, mais que, lorsque le point *o* se rapproche du milieu C de AB, le point conjugué O' s'en éloigne plus rapidement sur le prolongement du rayon CB, et que quand le point *o* se trouve sur le milieu C de AB, son conjugé O' passe à l'infini et disparait. En outre, je ferai remarquer que le point *o* continuant à s'avancer vers A, son conjugué O' reparaît situé sur le prolongement à gauche du point *o*, et non plus sur le prolongement à droite de ce point comme précédemment.

C'est-à-dire, en termes plus simples, que *le point conjugué O' de O est toujours sur le prolongement de AB contigu au plus petit segment*, et qu'*ainsi la position respective des segments intérieurs et extérieurs de AB est toujours déterminée sans incertitude, soit que l'on ait recours aux solutions graphiques, soit que l'on fasse usage des solutions numériques indiquées dans la troisième proposition.*

Corollaire 2. — De la 2e solution qui précède résulte encore le principe suivant :

Si d'un point pris hors d'un cercle on mène deux tangentes et un diamètre, le diamètre est divisé harmonique-

ment par la corde de contact et le point de concours des tangentes.

M. Poncelet, dans son traité des propriétés projectives, fait remarquer que ce principe est une propriété projective, indestructible par l'effet de la projection centrale, et que conséquemment ce principe subsiste encore, quand la courbe, au lieu d'être un cercle, est une conique quelconque.

3e Solution. — Outre les deux solutions qui précèdent (fig. 21), il en existe une troisième presqu'aussi simple et qui de plus donne lieu à une démonstration très élémentaire de ce principe à savoir, qu'un faisceau harmonique forme sur une transversale quelconque une division harmonique.

Il s'agit, comme ci-dessus, de trouver le point O', qui satisfait à la proportion harmonique $\frac{OB}{AO} = \frac{O'B}{O'A}$. (1)

A cet effet, tirez deux droites quelconques *AS BS* et menez par le point *o* la droite *MN* qui soit divisée par ce point en deux parties égales, puis tracez SO' parallèlement à MN et le point O' ainsi obtenu est bien le point conjugué de O qui prouve la division harmonique (1) :

Cette assertion se justifie en tirant les lignes *AD PB* parallèlement à *SO'*, car il résulte de la similitude des triangles *AOD, IOB* et du parallélisme des trois lignes *AD PB SO'* cette suite de rapports égaux :

$$OB : OA :: \overset{\text{ou } PI}{BI} : AD :: PS : AS :: O'B : O'A,$$

d'où $\frac{OB}{OA} = \frac{O'B}{O'A}$ qui est la proportion harmonique demandée.

Si au lieu du point *o* de AB on donnait le point O' qui est sur son prolongement et que l'on désirât avoir le point *o*, on procéderait d'une manière analogue ainsi qu'il suit :

On unirait les points *ABO'* à un point quelconque S; puis on mènerait PB parallèlement à SO' et l'on joindrait le point S au point *I* milieu de PB; enfin on prolongerait SI et le point O de rencontre de ce prolongement avec *AB* serait le point demandé.

A l'aide du parallélisme des lignes on démontrerait en effet de même que ci-dessus que la proportion harmonique (1) subsiste; du reste, il est à remarquer que ces dernières constructions sont identiques avec les premières, seulement elles ont été effectuées dans un ordre inverse.

Corollaire 1. — *Le faisceau des quatre droites concourantes AS OS BS O'S qui est rencontré par la transversale XX en quatre points A O B O' formant une division harmonique* a reçu la dénomination de *faisceau harmonique*; et on comprend à priori que *lorsque l'on coupe un faisceau harmonique par une droite quelconque, cette droite est pareillement divisée harmoniquement*; car pour toute autre transversale que XX, en formant de même des triangles semblables, on obtient aussi une suite de rapports égaux qui met à découvert la division harmonique.

Corollaire 2.— Il résulte encore de ce qui précède que, *pour reconnaître si un faisceau de quatre droites concourantes est un faisceau harmonique, il suffit de s'assurer si une parallèle quelconque à la quatrième droite est divisée en deux parties égales par les trois autres.*

Nota. — La division harmonique des lignes donne lieu à la remarque suivante qui n'est pas dépourvue d'intérêt :

La proportion harmonique $\frac{OB}{OA}=\frac{O'B}{O'A}$ (1) se transforme (figure 9), en changeant les moyens deplace en cette autre proportion harmonique $\frac{BO}{BO'}=\frac{AO}{AO'}$ (2) qui exprime que réciproquement la droite *oo'* (figure 9)

est divisée harmoniquement par les points conjugés *A B*, ou en d'autres termes qui fait connaître que le rapport des distances de chacun des points *A B* aux points O O' est un rapport constant; mais il n'y a pas que les points *A B* d'un plan qui jouissent de cette propriété, et la circonférence décrite sur AB comme diamètre est le lieu de tous les points du plan dont les distances de chacun d'eux aux points O O' forment un rapport constant.

On se rend compte de ce principe ainsi qu'il suit :

Joignez un point quelconque D de la circonférence aux points *A O B* et prenez sur *A O'* un point O'' tel que angle *O''DB* = angle *BDO*, par cette construction les droites *AD BD* sont les bisectrices de l'angle au sommet ODO'' et de son adjacent qui partagent la base OO'' du triangle ODO'', en parties harmoniques, ainsi qu'il est démontré dans la plupart des éléments; c'est-à-dire que le point O'' comme le point O' est un point conjugué de O, ou plutôt ces deux points O''O' se confondent puisqu'en vertu du corollaire 1 de la deuxième solution qui précède, le point *O* ne peut avoir qu'un seul point conjugué. Ainsi la droite DB est bien la bissectrice du triangle *DO'O*, d'où il résulte, en vertu d'une proposition de géométrie élémentaire, que l'on a $\frac{BO}{BO'}=\frac{DO}{DO'}$ et d'après la proportion (2) ci-dessus $\frac{DO}{DO'}=\frac{BO}{BO'}=\frac{AO}{AO'}$.

On démontrerait semblablement que le rapport des distances de tout autre point de la circonférence aux points OO' est égal à $\frac{BO}{BO'}$; donc, ainsi qu'il a été avancé, la circonférence décrite sur AB comme diamètre est le lieu de tous les points dont les distances de chacun d'eux aux extrémités de OO', forment un rapport constant; l'application de ce principe a donné lieu à une théorie nouvelle des sections coniques.

C'est encore l'application de ce principe qui donne la solution du problème des bougies ainsi posé : quels sont les points d'un plan également éclairés par deux lumières d'intensités différentes, connaissant les intensités de chacune d'elles à un mètre de distance, et en s'appuyant sur ce principe de physique que les intensités des foyers lumineux décroissent en raison inverse du carré des distances ?

Comme on voit, les divisions harmoniques, ainsi appelées, parce qu'elles sont, je crois, l'expression d'une loi d'acoustique, sont pareillement l'expression d'un effet de lumière, et on aurait pu, par les mêmes raisons, les désigner sous le nom de divisions d'optique ; mais c'est la dénomination de divisions harmoniques qui a prévalu. Je suis un assez tiède partisan de toutes ces dénominations plus ou moins pompeuses, et j'avoue que j'aurais préféré l'appellation simple de divisions des droites suivant un rapport donné, parce que dans toutes ces sortes de divisions c'est toujours de la division des droites suivant un rapport donné qu'il s'agit.

Cinquième proposition.

Planche 1. figure 10.

Faisceaux harmoniques.

On appelle faisceau harmonique, ainsi qu'il a été dit dans la quatrième proposition qui précède, un faisceau de quatre droites concourant en un même sommet et passant par quatre points formant une division harmonique ; *si donc l'on a la proportion harmonique* $\frac{DB}{AD}=\frac{EB}{EA}$ (1), *le faisceau composé des quatre droites AS DS BS ES, qui concourent en un même sommet S et qui passent par les points A D B E formant une division harmonique, est un faisceau harmonique.*

La propriété importante des faisceaux harmoniques (fig. 10) c'est qu'une transversale droite quelconque est divisée harmoniquement par les lignes du faisceau ; de telle sorte que la proportion (1) subsistant on a aussi pour la transversale PQ cette autre proportion harmonique $\frac{db}{da} = \frac{eb}{ea}$, la légitimité de ce principe a de même été établie dans le corollaire 1 de la 3e solution objet d'un article de la quatrième proposition qui précède ; donc, comme il vient d'être énoncé, une transversale quelconque est divisée harmoniquement par les lignes concourantes d'un faisceau harmonique.

Corollaire 1. — Si la transversale était parallèle à l'une des lignes du faisceau ainsi qu'il est indiqué par la figure 11, l'un des points conjugués se trouverait à l'infini et l'autre au milieu de AB, comme il a été déjà observé daus la quatrième proposition ; c'est d'ailleurs un principe reconnu que des grandeurs infinies qui ne diffèrent que d'une grandeur finie sont égales ; d'où il résulte que le second rapport de la proportion harmonique étant égal à l'unité, le 1er rapport l'est aussi, ce qui exige que le point *D* soit sur le milieu de *AB* ; (*) donc, quand une transversale est parallèle à une ligne du faisceau harmonique, elle se trouve partagée en deux parties égales par les trois autres, et ainsi qu'il a été remarqué précédemment dans la quatrième proposition, on se sert de cette propriété pour vérifier si un faisceau est bien un faisceau harmonique.

---

* Du reste, on démontre, sans aucune considération de l'infini, que le point D se trouve sur le milieu de AB, il suffit pour cet objet de recourir aux triangles semblables dont il est parlé dans la troisième solution de la quatrième proposition qui précède.

Sixième proposition.

Planche 1, figure 12.

CONSTRUCTION DE FAISCEAUX HARMONIQUES.

La géométrie fournit de nombreux exemples de faisceaux harmoniques.

1° *Les bissectrices des deux angles non opposés formés par deux droites, constituent avec ces deux droites un faisceau harmonique.*

2° De même *deux côtés contigus d'un parallélogramme forment avec la diagonale (aboutissant au sommet de l'angle formés par ces deux côtés), et la parallèle à la seconde diagonale, menée par le même sommet, un faisceau harmonique.*

Pareillement, *les côtés non parallèles d'un trapèze, avec la droite passant par le point de concours de ces côtés et les milieux des bases parallèles, et avec une autre ligne menée parallèlement aux bases par le même point de concours, constituent un faisceau harmonique.*

Je laisse pour exercices ces divers exemples de faisceaux harmoniques faciles à expliquer, et je crois devoir me borner pour la démonstration au seul cas du quadrilatére quelconque dont les côtés prolongés, avec les deux droites unissant chacun des points de concours au point de croisement des diagonales et avec une dernière droite unissant entre eux les points de concours, forment deux faisceaux harmoniques dont il est fait un fréquent usage pour la mesure des distances et le tracé des alignements sans instrument.

Soit le quadrilatère quelconque *BB'C'C* (fig. 12), menons les diagonales, prolongeons les côtés opposés, joignons les points de concours *A O* par une droite et unissons les points *A O* au point M par deux droites prolongées jusqu'à la rencontre des côtés ; nous formerons

ainsi 2 faisceaux (*AO BO DO B'O*) (*OA C'A O'A B'A*) qui sont deux faisceaux harmoniques.

D'abord le triangle OBB' étant coupé par la transversale AC et ayant trois droites abaissées des sommets sur les côtés opposés se croisant en un seul point *M*, on a, en vertu des propositions (1) et (2), les deux relations suivantes :

$$OC' \times BC \times AB' = OC \times B'C' \times AB$$
$$B'C' \times OC \times BD = OC' \times DB' \times BC$$

d'où en multipliant et en supprimant les facteurs communs, $AB' \times BD = AB \times DB'$ ou $\frac{AB'}{AB} = \frac{B'D}{BD}$ qui est une proportion harmonique.

Donc le faisceau *AO BO DO B'O*, dont les lignes concourantes passent par 4 points formant une division harmonique, est un faisceau harmonique, jouissant d'après la proposition (5) de la propriété de former sur une transversale quelconque une division harmonique.

On démontrerait semblablement que le faisceau (*OA C'A O'A B'A*) est un faisceau harmonique.

Corollaire 1. — De ce que tout faisceau harmonique jouit de la propriété de former sur une transversale quelconque une division harmonique, il s'en suit que, *si 3 lignes d'un faisceau harmonique sont données et que l'on veuille obtenir la 4e, on ne peut avoir qu'une seule ligne satisfaisant à cette condition*, de même qu'*il ne peut y avoir, pour les points conjugués objet de la 4e proposition, qu'un seul point qui avec son conjugué et les deux extrémités d'une droite donnée, forme une division harmonique* ; et c'est sur cette remarque qu'est fondée la recherche de la 4e harmonique, ainsi qu'il est indiqué dans la proposition qui suit.

Septième proposition.

Planche 1, figure 13, et planche 2, figure 14.

Les trois lignes AS BS O'S (fig. 13) *étant données, trouver la quatrième ligne intérieure formant avec les trois premières un faisceau harmonique.*

Du point O' menons les deux transversales *O'BA O'RP*, tirons les diagonales *AR PB* qui se croisent en O, enfin joignons les points *S O* par une droite, cette dernière droite S O sera la quatrième harmonique demandée. Le faisceau *AS OS BS O'S* est, en effet, l'un des faisceaux harmoniques formé par les prolongements des côtés du quadrilatère *APRB* comme il est indiqué proposition (6) qui précède.

Si les trois lignes données étaient *AS OS BS* (fig. 14) et qu'on voulût avoir la quatrième extérieure SO', on procéderait ainsi qu'il suit :

Joignez les points *A B* au point O par des droites dont les prolongements rencontrent les lignes *AS BS* du faisceau aux points *P R*, joignez les points *P R* par une droite qui coupe le prolongement de AB au point O', et enfin unissez les points *S O'* par une droite, cette dernière ligne serait encore la quatrième harmonique demandée, parce que, comme dans le cas précédent, le faisceau *AS OS BS O'S* est l'un des faisceaux harmoniques formé par les prolongements des côtés du quadrilatère *APRB* selon la méthode suivie proposition (6).

Assurément les propositions qui précèdent concernant la théorie des transversales, les divisions et faisceaux harmoniques fournissent, ainsi qu'il a été remarqué en tête de cette brochure, les principaux moyens de mesure des distances et de tracé des alignements sans instru-

ments ; cependant il existe aussi quelques méthodes de mesure des distances et de tracé des alignements sans instrument basées sur des principes très simples de géométrie élémentaire, principes qu'il ne me paraît pas inutile de rappeler aussi.

Huitième proposition.

Planche 2, figures 15 et 16.

1° Si le point de croisement de deux lignes droites (fig. 15) *est en même temps le point milieu de chacune de ces lignes, le quadrilatère formé par les extrémités de ces lignes est un parallélogramme.*

2° Si deux lignes (fig. 16) *se croisent, comme les précédentes, en leur point milieu, et que de plus ces lignes soient égales, le quadrilatère formé par les extrémités de ces lignes est un rectangle.*

Ces deux propriétés sont les réciproques des principes suivants qui sont très connus : *Dans un parallélogramme les diagonales se coupent en parties égales*, et *dans un rectangle les diagonales se coupent tout à la fois en parties égales et en parties égales entre elles.* Ces réciproques se démontrent comme les principes et je ne m'y arrêterai pas.

Neuvième proposition.

Planche 2, figure 17.

Les médianes d'un triangle se croisent en un même point qui est au 1/3 de chaque médiane à partir de la base.

Soit le triangle ABD (fig. 17) avec ses trois médianes *Aa Bb Dd* ; considérons en particulier les deux médianes Aa Bb et joignons les points *a b*.

D'abord la droite *ab* qui partage les côtés *AD BD* en

parties proportionnelles est parallèle à AB, par suite les triangles *ABD abD* sont semblables, et on a

AD : *b*D :: AB : *ab*;

mais dans cette proportion AD est double de *b*D, donc aussi AB est double de *ba*.

Ensuite les triangles *AOB oba* sont pareillement semblables et fournissent la nouvelle proportion

AB : *ba* :: BO : *ob*,

dans laquelle AB étant le double de *ba*, d'après la première proportion, on conclut pareillement que BO est double de *bo*, et par suite *bo* est le 1/3 de B*b*.

On démontrerait de même que $do = \frac{Dd}{3}$ et que $oa = \frac{Aa}{3}$.

Donc, comme il a été avancé, les trois médianes d'un triangle se croisent en un même point qui est au 1/3 de chaque médiane à partir de la base.

Dixième proposition.

Planche 2, figure 18.

Les droites MN PI (fig. 18), qui joignent les points de concours des côtés opposés des deux quadrilatères semblables ayant les côtés homologues parallèles, sont elles mêmes deux droites parallèles.

Les triangles semblables PBA M*ba*, BCI *bc*N, fournissent en effet les proportions suivantes :

PB : M*b* :: BA : *ba*
BI : *b*N :: BC : *bc*

d'où PB : M*b* :: BI : *b*N (à cause de la similitude des quadrilatères).

Donc les triangles PBI M*b*N, qui ont un angle égal compris entre côtés proportionnels, sont aussi deux triangles semblables, d'où résulte l'égalité des angles *PIB MNb*, et par suite le parallélisme des lignes *PI MN*

parce que ces angles *PIB MNb* ont l'ouverture dirigée dans le même sens et que les côtés *IB Nb* sont parallèles par construction.

Onzième proposition

Planche 2. figure 19.

Si l'on unit les milieux des côtés d'un quadrilatère par 4 droites (fig. 19), *on forme un parallélogramme dont les côtés coupent les diagonales du quadrilatère en 4 points qui, à leur tour, étant unis par des droites, constituent un quadrilatère semblable au premier, et dont les côtés sont respectivement moitié de leurs homologues dans le premier.*

D'abord MR partageant chacun des côtés *CD AD* en deux parts égales, sera parallèle à AC, et par suite divisera DO en deux parties égales ; par les mêmes raisons MP divisera OC en deux parties égales ; d'où il suit que la droite *dc*, qui passe par les milieux de OD et de OC, est parallèle à la droite DC, et de plus elle est 1/2 de cette droite à cause de la similitude des triangles *Odc* ODC. On démontrerait semblablement que les mêmes propriétés subsistent à l'égard des côtés *DA, da, AB ab, BC bc.*

PROBLÈMES

Concernant le tracé des alignements droits et la mesure des distances sans instruments, résolus seulement à l'aide de jalons et du mètre.

Les divers problèmes objet de ce recueil peuvent être résolus sur le terrain par un seul homme, seulement il y a quelques soins à prendre et une certaine

pratique à acquérir pour bien jalonner une ligne ; ainsi, lorsqu'il s'agit de mettre un piquet à la rencontre des diagonales d'un quadrilatère, il faut d'abord placer des jalons aux extrémités des diagonales de ce quadrilatère, puis en placer un dans le prolongement de chaque diagonale, afin d'avoir pour se guider deux jalons sur chaque ligne lorsque l'on se dirige vers le point de croisement. En outre, dans toutes les opérations que l'on aura à faire, on ne devra jamais perdre de vue qu'une droite est d'autant mieux tracée que les deux points qui la déterminent sont éloignés, et que le point de concours de deux droites se fixe d'autant plus facilement que l'angle formé par ces deux droites approche d'avantage de 90°.

Je le répète, les solutions qui sont ici données n'exigent que de simples jalons et un mètre, et les solutions pour lesquelles on a recours au cercle ont été presque toutes rejetées, parce que sur le terrain cette courbe ne peut se tracer d'une manière suffisamment exacte qu'à l'aide d'instruments. Si on décrivait, en effet, sur le terrain un cercle avec un mètre ou avec une règle, ce cercle serait généralement d'un trop petit rayon ; et si c'était avec un cordeau, le tracé serait fautif, à cause de la tension qui est variable et qui se manifeste d'une manière très sensible.

Je ferai remarquer aussi que la géométrie offrant de très grandes ressources, il existe une foule de constructions graphiques qui donnent pour vérification des lignes aboutissant à un point de concours déterminé, ainsi que des parallèles, des perpendiculaires et des distances satisfaisant pareillement à des conditions données ; mais toutes ces constructions sont généralement plus curieuses qu'utiles, et le nombre de solutions vraiment susceptibles d'application n'est pas aussi considérable qu'on pourrait le croire. Cependant, j'en ai trouvé plusieurs qui, réunies avec quelques anciennes, forment encore un choix assez varié que je présente ici.

Premier problème.

Planche 2, figures 20, 22 et 23.

Soit proposé de prolonger l'alignement AB (fig. 20), *au-delà de l'obstacle T.*

Première solution. — Du point A, menez deux droites quelconques *AA' AA''* ; entre ces 2 droites, menez aussi deux autres droites quelconques *Ee Dd*, se croisant en un point O de l'alignement AB, jalonnez les droites *De Ed* et plantez un piquet à leur point de concours *S* ; puis de ce point *S*, tracez trois lignes quelconques *Sr' SR SP*, tracez encore les diagonales *Rr pr' pP p'R*, et enfin, plantez des piquets aux points de croisement O'O'' de ces diagonales, ces deux piquets O' O'' seront deux points cherchés du prolongement de l'alignement AB.

Cette solution est susceptible de vérification ; la droite E*d* est en effet divisée harmoniquement aux points B S, et si on mesure *EB BD dS*, on doit avoir l'égalité de rapports $\frac{BE}{Bd} = \frac{EB + Bd + dS}{dS}$; cette proportion harmonique subsistant, on conclut que le point de concours *S*, qui est le point principal de l'opération, est bien déterminé. Il existe une autre vérification purement graphique, c'est de déterminer un troisième point du prolongement de la même manière que les points O'O'' l'ont été ; car, si l'on a bien opéré, les trois points obtenus doivent se trouver en ligne droite.

Cette méthode de résolution du problème premier est fondée sur la construction des faisceaux harmoniques objet des propositions (6, 7).

2e Solution. — *Soit proposé de même de prolonger l'alignement droit A'B* (fig. 22) *au-delà de la tour T.*

Tracez le triangle quelconque ADB, plantez deux piquets *C O* de telle manière que AC = CD, DO = 2BO, et

jalonnez la ligne passant par les points *CO*; enfin, sur le prolongement de cette dernière ligne, portez OP = 2CO, et le point P sera un point cherché de l'alignement.

En opérant semblablement dans le triangle A'D'B, et en prenant de même deux points C' O', tels que A'C' = C'D', D'O' = 2BO', on obtient encore un nouveau point P' du prolongement de l'alignement après avoir pris O'P' = 2C'O'.

Cette méthode de résolution est fondée sur la proposition (9) concernant les médianes d'un triangle; elle est aussi susceptible de vérification, car, si l'on a bien opéré, les distances *A'A PP'* doivent être égales.

3e Solution. — *Soit proposé encore de prolonger l'alignement droit AB* (fig. 23) *au-delà de l'obstacle T.*

Menez deux droites quelconques *AA' BB'* se croisant en *O* et telles que OB' = OB, OA' = OA; puis jalonnez A'B' et tracez une droite quelconque *MM'* passant en O point de croisement des deux premières; enfin, prenez OM' = OM, et le point M' sera l'un des points cherchés du prolongement de l'alignement.

Si par le point de croisement O vous menez une autre ligne PP' et que vous preniez pareillement OP' = OP, le point P' serait un nouveau point du prolongement de l'alignement. et il y aurait pareillement une vérification à faire, parce que si l'on a bien opéré les distances *PM* P'M' doivent être égales. Cette troisième solution est basée sur la propriété dont jouissent les diagonales d'un parallélogramme de se couper en parties égales, énoncée dans la proposition (8).

Deuxième problème.

Planche 3, fig. 24, 25 et 26.

Tracer un alignement droit passant par deux points entre lesquels se trouve un obstacle.

Trois méthodes identiques à celle ci-dessus résolvent pareillement cette seconde question.

1re Solution. — *Soit proposé de mener un alignement droit passant par les points A B* (fig. 24), *séparés par l'obstacle T.*

Par le point *B* faites passer deux droites quelconques *V'B VB*, et entre ces deux droites marquez les diagonales *D'D E'E* passant par le second point donné A; puis jalonnez *D'E E'D* et plantez un piquet au point de concours *S* de ces deux dernières lignes; enfin tirez la ligne V'S, jalonnez les diagonales VE' V'D et plantez un piquet au point de croisement P de ces dernières diagonales, ce piquet P sera un nouveau point de l'alignement passant par les points donnés *A B*.

Cette solution, comme on l'a vu plus haut, est sujette à vérification. La droite E'D est, en effet, divisée en parties harmoniques par les points *I'S*, de telle sorte que, si l'on mesure les segments *I'E' I'D DS*, on doit obtenir l'égalité de rapports suivants :

$$\frac{I'E'}{I'D} = \frac{I'E' + I'D + DS}{DS}.$$

Il existe pareillement une autre vérification purement graphique, en déterminant un nouveau point P', de la même manière que le point P l'a été ; car, si l'on ne s'est pas trompé, les points *P'P* et *A* doivent se trouver en ligne droite.

2e Solution. — *Soit aussi proposé de mener un alignement droit passant par les points AB* (fig. 25), *séparés par l'obstacle T.*

Des points *AB* jalonnez deux lignes quelconques

BE DA se croisant en O et plantez en *ED* des piquets tels que OB=2EO et OD=2AO, jalonnez une troisième droite passant par les points ED, et placez un dernier piquet en P de manière que PE=ED ; le point P ainsi obtenu sera un nouveau point de l'alignement droit passant par les points *A B*.

Ce procédé est fondé sur ce principe démontré dans la proposition neuvième, à savoir que, dans un triangle, les médianes se croisent en un point qui est au tiers de chaque médiane à partir de la base. Il y a une vérification : si on a bien opéré, la distance *DB* doit être divisée en deux parties égales par le prolongement de la droite PO.

3e Solution. — *Soit encore proposé de tracer un alignement droit passant par les points AB* (fig. 26), *séparés par l'obstacle T.*

Des points *A B* jalonnez deux lignes quelconques *AA' BB'* se croisant en *O*, plantez deux piquets en *B'A'* tels que *B'O=OB* A'O=AO et tracez la nouvelle ligne B'A' ; puis joignez le point O à un point quelconque P' du prolongement de B'A', et placez un piquet P sur la ligne OP' de manière à satisfaire l'égalité OP=OP' ; le point P ainsi obtenu sera un point cherché de l'alignement droit passant par les points *A B*.

Cette solution est aussi basée sur la propriété dont jouissent les diagonales d'un parallélogramme de se couper en deux parties égales ; il y a pareillement une vérification, et, si les constructions sont exactes, les distances *A'P' AP* doivent être égales.

Troisième problème

Planche 3, fig. 27 et 28.

Soit proposé de jalonner une ligne droite partant du point I (fig. 27), *et dont le prolongement passerait par le*

sommet C (point de rencontre des côtés *DD''*) *EE'' situé derrière le mur* MN.

A cet effet, du point I menez les diagonales *DE' D'E* formant le quadrilatère dont les côtés opposés *DE D'E'* concourent en O ; tracez OD'', et I' point de rencontre des diagonales du nouveau quadrilatère sera un second point de l'alignement cherché, parce que les points II' appartiennent tous deux à l'harmonique conjugée de CO, en vertu de la septième proposition relative aux faisceaux harmoniques.

La figure 28 est relative au cas où le point donné I est en dehors de l'angle ECD ; on trouve alors le point I' de la manière suivante : Du point I, menez les trois droites *ID ID' ID''*, et joignez les points *O O'* de rencontre des diagonales des deux quadrilatères *DD'E'E D'D''E''E'*, puis d'un point quelconque O'' de cette dernière droite tirez les deux lignes *D*^{4}*E'''* *D'''E*^{4}, vous formerez ainsi le troisième quadrilatère dont le point de concours *I'* de deux côtés opposés est le second point de l'alignement cherché, toujours en vertu de la septième proposition précédemment citée.

Quatrième problème

Planche 6, fig. 47.

Deux couples de droites concourant comme la précédente derrière un mur, trouver un point de l'alignement passant par les deux points de concours invisibles.

Ainsi deux droites données *PD RD'* (fig. 47) concourent en *S* derrière le mur *MN*, deux autres droites données *DD' PP'* concourent pareillement en S' derrière le même mur *MN*, et il s'agit de trouver un point *S''* de l'alignement passant par les deux points de concours invisibles *S S'*.

D'abord par le point *O* (point de croisement des diago-

nales du quadrilatère donné PDD'P') menez l'alignement *OV* passant par le premier point de concours invisible *S*, en suivant le procédé indiqué problème trois; puis tracez les diagonales *R'V V'R* se croisant en un point O' de ce nouvel alignement, et jalonnez les droites *V'V R'R;* le point de concours *S''* de ces deux dernières lignes sera pareillement, en vertu de la septième proposition, un point de l'alignement cherché devant passer par les deux points de concours invisibles *S S'*.

Cinquième problème

Planche 3, fig. 29.

Soit proposé de tracer la bissectrice de l'angle ACB (fig. 29) *dont le sommet* C *est derrière le mur MN.*

Menez la droite quelconque AB, puis les 4 bissectrices *AD AE BD BE* des différents angles formés par cette droite AB avec chacun des côtés CH CK, les points *D E* de rencontre de ces bissectrices appartiennent à la bissectrice demandée de l'angle ACB.

La légitimité de cette assertion sera établie, si l'on prouve que la droite passant par les derniers points *D E* est la perpendiculaire à AB' passant par le milieu de cette base AB', et qu'en outre le triangle ACB' est un triangle isocèle. A cet effet, on remarque que, les bissectrices des angles supplémentaires de deux droites qui se coupent formant toujours un angle droit, on doit conclure que le quadrilatère ADBE est inscriptible dans un cercle dont le diamètre est *DE*, et que les deux arcs *DA'AE DBB'E* sont deux demi-circonférences égales. Mais les arcs partiels *A'D DB*, *AE B'E* sont aussi des arcs égaux comme étant dans un même cercle les mesures d'angles inscrits égaux; d'où il suit que les arcs restants *AA' BB'* sont pareillement égaux, ce qui entraîne l'égalité des arcs *AA'D DBB'*.

Or, le diamètre DE qui partage l'arc ADB' en deux parties égales est évidemment le diamètre perpendiculaire à la corde AB' et passant par le milieu de cette corde AB'; d'une autre part, le triangle ACB', dont les angles *A B'* sont mesurés par des arcs égaux est isocèle ; donc la ligne *DE* perpendiculaire en son point milieu de la base *AB'* du triangle isocèle *ACB'* est bien la bissectrice demandée de l'angle ACB'.

On remarquera que dans la figure 29 le cercle n'est décrit que pour l'explication du procédé employé.

Sixième problème

Planche 3. figure 30.

Soit proposé de trouver la hauteur du triangle ACB (fig. 30), *dont le sommet C est derrière le mur MN.*

Des points *A B*, menez les lignes *AC' BC'* parallèlement aux côtés *AC BC* par le moyen indiqué problème (8), ci-après vous formerez ainsi un triangle AC'B égal au triangle donné et dont la hauteur sera la hauteur cherchée, laquelle s'obtiendra en calculant l'aire du triangle AC'B par la formule connue $\sqrt{p(p-a)(p-b)(p-c)}$, puis en divisant cette aire par la 1/2 de la grandeur AB. On peut encore trouver cette hauteur en ayant recours à la méthode graphique du problème 8.

Septième problème

Planche 3, figure 31 et planche 4. figures 32 et 33.

Par un point donné B' (fig. 32), *mener une parallèle à AB.*

La figure 21, à laquelle on a eu recours pour la 3e solution objet d'un paragraphe de la 4e proposition, procure une première méthode élégante et simple de

tracer les parallèles ; le 1er corollaire de la 2e proposition sur les transversales en fournit pareillement une seconde, et ce serait se répéter que d'en parler de nouveau.

3e Solution. — Tirez B'B (fig. 33), puis AA' passant par le milieu *o* de BB' et telle que OA' = OA, B'A' sera la parallèle demandée ; car les droites *BB' AA'* qui se coupent respectivement en parties égales, ne sont autres que les diagonales d'un parallélogramme.

4e Solution. — Il arrive souvent que, près de la droite donnée, il y a une autre droite qui lui est parallèle, telle que l'axe d'une route ou d'un canal, ou la façade d'un mur ou d'une haie quelconque, c'est-à-dire que souvent les données se composent d'un point et de deux droites parallèles, ou plutôt de un point et de deux droites dont le point de concours est à l'infini et par conséquent invisible. Dans ce cas, la parallèle cherchée est une harmonique conjuguée qui s'obtient par des constructions identiques à celles employées dans la solution du problème (3) auquel la question est ramenée.

Ainsi *soit proposé de mener par le point I* (fig. 31) *une parallèle aux deux droites données* AB A'B' *qui sont elles mêmes 2 lignes parallèles.*

Par le point I tracez les diagonales *DE' ED'*, faites passer deux droites *DE D'E'* par les extrémités de ces diagonales, et par le point O, point de concours de ces dernières droites, menez les deux transversales *OD'' OD'''* ; vous formez de cette manière un second quadrilatère *E''E'''D'''D''* dont le point de croisement I' des diagonales est un second point de la parallèle cherchée.

Si le point I était en dehors des parallèles données, comme dans la figure 32, on opèrerait ainsi qu'il suit :

Par le point I, tirez trois transversales *ID ID' ID''* formant deux quadrilatères *EE'D'D E'E''D''D'* dont les points de croisement *OO'* des diagonales constituent la

première harmonique, puis, par le point O'' quelconque de cette première harmonique, vous faites passer deux diagonales $E'''D^4$ E^4D''' et vous joignez leurs extrémités par deux lignes $E'''D'''$ E^4D^4 ; le point de concours I' de ces dernières droites appartient à la seconde harmonique conjuguée et est bien un second point de l'alignement demandé.

Nota. — Brianchon fait observer, dans un petit opuscule, que l'on peut mener sur le terrain deux lignes parallèles, non seulement par des procédés analogues à ceux qui viennent d'être décrits, mais aussi par les moyens suivants :

Deux alignements sur un même objet très éloigné donnent deux lignes d'autant plus parallèles que l'objet est à grande distance.

Les ombres solaires ou lunaires de deux jalons, observées en même temps, sont deux lignes parallèles ; de même deux alignements pris en même temps sur une étoile sont deux droites parallèles.

Huitième problème

Planche 4, fig. 34, 35 et 36.

Soit proposé d'abaisser une perpendiculaire sur AB (fig. 34).

1re Solution. — Après avoir porté à droite et à gauche du point O de la droite donnée deux distances égales *AO OB*, vous portez encore cette même distance dans deux directions différentes à partir du point *O*, vous obtenez ainsi deux nouveaux points *D C* qui par construction se trouvent sur le cercle décrit sur AB comme diamètre ; d'où il résulte que les angles *ADB ACB* sont des angles droits comme angles inscrits dans un demi cer-

cle, et que la droite *EI* est la perpendiculaire demandée, en vertu de ce principe que dans tout triangle les perpendiculaires abaissées des sommets sur les côtés opposés se croisent en un seul point.

2e Solution. — Il s'agit du point *C* (fig. 35) d'abaisser une perpendiculaire sur AB.

Par le point *C* menez la droite quelconque *CD*, puis prenez DP = DC, vous formez ainsi le triangle isocèle *CDP*, dans lequel on suppose tracées (pour la démonstration seulement) les perpendiculaires *CC'DD'*.

Il résulte de ces constructions que les triangles rectangles *DD'P PCC'* qui ont leurs angles égaux sont semblables et fournissent la proportion :

$\frac{PD}{\frac{PC}{2}} = \frac{PC}{PC'}$, de laquelle on déduit (après avoir mesuré les côtés du triangle PCD construit ainsi qu'il est prescrit) le segment *PC'*, et par suite le point *C'*, le second point de la perpendiculaire cherchée.

Pour le cas où le point *C* serait sur *AB* (fig. 36), il y aurait une légère addition à faire.

Ainsi on mènerait une droite quelconque *CV* et on prendrait *CD* = *CV*, et le triangle isocèle CVD se trouverait formé comme ci-dessus ; on aurait donc le point V' à l'aide de la proportion :

$\frac{CD}{\frac{VD}{2}} = \frac{VD}{V'D}$, qui ferait connaître le quatrième terme *V'D*, et quant au point *C'* appartenant à la perpendiculaire passant par le point donné *C*, il s'obtiendrait en résolvant cette nouvelle proportion :

$\frac{C'V}{CV'} = \frac{VD}{V'D}$, dans laquelle la quantité *C'V* seulement est inconnue.

Neuvième problème

Planche 4, fig. 36 et 38. et Planche 5, fig. 39 et 44.

Mener une parallèle à la droite donnée MN (fig. 39) *visible mais inaccessible.*

1re Solution. — Tracez de chacun des points *M N* de la droite donnée deux couples de droites formant le quadrilatère DCBA dont les diagonales se croisent en O, puis joignez les points M N à ce point de croisement O, en vertu de la sixième proposition les points *M N* se trouvent être les sommets des deux faisceaux harmoniques qui divisent en parties harmoniques les différents côtés du quadrilatère *ABCD* : conséquemment l'extrémité M est le point conjugué de I et le point N est le point conjugué de V. Donc, conformément à la troisième proposition, les distances *MA NC* s'obtiendront à l'aide des formules :

$$MA = \frac{AI\,(ID + IA)}{ID - IA}$$

$$NC = \frac{VC\,(DV + VC)}{DV - VC}$$

dont les seconds membres sont toutes grandeurs accessibles et mesurables ;

D'où il résulte que les grandeurs *MD ND* sont connues; et si maintenant on porte sur *MD ND* des distances proportionnelles à *MD ND* à partir du point D, la droite *N'M'* qui unira les extrémités de ces distances, sera bien la parallèle demandée, d'après la réciproque de ce principe fondamental, à savoir : que toute droite qui partage les côtés d'un triangle en parties proportionnelles est parallèle à la base de ce triangle.

Nota. — Si, comme dans la fig 39, on prend des distances *DM' DN'* 1/2 de *DM* et de *DN*, la droite *N'M'* est tout à la fois parallèle à *NM* et 1/2 de *NM*.

2ᵉ Solution. — Si l'on a à sa disposition une équerre, on peut opérer ainsi qu'il suit :

Prenez deux points *A C* (fig 44) avec l'équerre, de manière qu'ils appartiennent au premier cercle dont DH est le diamètre ; sur les prolongements de *AD* et de CH, déterminez deux nouveaux points *M N*, de manière que ces points soient aussi sur le cercle décrit sur *AC* comme diamètre, vous aurez de cette sorte une droite MN parallèle à DH.

Car le produit des sécantes entières par leurs parties extérieures étant un produit constant, lorsqu'il s'agit d'un même cercle et de scéantes issues d'un même point, on a :

$$ED \times EA = EH \times EC \text{ ou } \frac{ED}{EH} = \frac{EC}{EA}$$

$$EM \times EA = EN \times EC \text{ ou } \frac{EM}{EN} = \frac{EC}{EA}$$

d'où $\frac{ED}{EH} = \frac{EM}{EN}$;

C'est à dire que la droite *MN* qui divise les côtés *ED EH* du triangle *DEH* en parties proportionnelles est bien une parallèle à la base DH.

Cette solution assez piquante que l'on rencontre dans le recueil de Maschéroni exige, comme on voit, quatre stations de l'équerre desquelles on aperçoive sous des angles droits le diamètre DH d'abord et ensuite le diamètre *AC*.

3ᵉ Solution. — Tracez de chacun des points M N de la droite donnée (fig. 37) deux couples de droites formant le quadrilatère DCBA dont les diagonales se croisent en O, prenez successivement les milieux *D'C'B'A'* des côtés OD, OC *OB OA*, vous formerez ainsi un nouveau quadrilatère semblable au premier et dont les points de concours P I des côtés opposés sont situés sur une droite parallèle à MN en vertu de la dixième proposition.

Il y a une vérification qui n'est pas à négliger, c'est que le point P est situé sur la droite MO et le point I sur la droite NO.

En outre, la droite PI est 1/2 de MN, et si, au lieu d'avoir pris les 1/2 des diagonales, on avait porté les dixièmes ou les centièmes de ces mêmes diagonales, cette parallèle PI, au lieu d'être 1/2 serait la dixième ou la centième partie de MN.

4ᵉ Solution. — Tracez le quadrilatère quelconque MNBA (fig. 38) avec ses deux diagonales, puis la droite DE passant par le point *O* de rencontre des diagonales ; et joignez par deux droites les points *C P* milieux des côtés *DO AO*, ainsi que les points V H milieux des côtés *OB OE*, les points de rencontre I I' de ces dernières droites prolongées avec les diagonales du quadrilatère primitif appartiennent à la parallèle cherchée ; car, par construction, chacun des côtés *OM ON* est divisé en deux parties égales par les lignes PC HV prolongées, et il en résulte que la droite I I' qui divise en parties proportionnelles les côtés *OM ON* du triangle *OMN* est parallèle à la base MN de ce triangle.

La droite I I' est aussi 1/2 de MN ; mais elle en serait pareillement la dixième ou la centième partie, si les distances OI OI' étaient toutes deux la dixième ou la centième partie de *OM ON*, au lieu d'en être la 1/2.

Dixième problème.

Planche 5, figure 40.

Par un point donné mener une parallèle à une droite donnée visible mais inaccessible.

Par le point donné *E* (fig. 40) faites passer deux lignes quelconques et formez le quadrilatère MABN ayant ces

deux lignes pour diagonales ; puis du point E menez ED parallèlement à AM et tirez aussi DO parallèlement à AN; le point O de rencontre de cette dernière parallèle avec NB est un second point de la parallèle cherchée.

En effet, le parallélisme des lignes donne, pour chacun des triangles AMB ANB qui ont leurs bases respectivement parallèles au droites ED OD :

$$\frac{BE}{ME}=\frac{DB}{AD} \quad \frac{BO}{NO}=\frac{DB}{AD}.$$

d'où $\frac{BE}{ME}=\frac{BO}{NO}$.

Conséquemment la droite EO. qui divise les côtés du triangle MBN en parties proportionnelles est parallèle à la base MN. C. Q. F. D.

Onzième problème

Planche 3. fig. 24, 25 et 26.

Soit proposé de faire connaître la distance entre deux points séparés par un obstacle.

Il s'agit, par exemple, de déterminer la distance AB qu'une tour T empêche de mesurer directement.

1re Solution. — Des points A B (fig. 26), tracez deux lignes quelconques se croisant en O et plantez sur ces lignes les piquets A'B' à des distances telles que OA' = OA et OB' = OB ; puis métrez B'A', la mesure ainsi obtenue exprime la distance cherchée entre les points A B.

Cette solution résulte de la propriété qu'ont les parallèlogrammes d'avoir leurs côtés opposés égaux.

2e Solution. — Par les points A B (fig. 25), faites passer deux lignes quelconques AD BE se croisant en O et plantez sur ces lignes les piquets D E à des distances

telles que OD = 2OA, et $OE = \frac{OB}{2}$; puis, sur le prologement de ED plantez un piquet P à une distance telle que PE = ED ; enfin métrez PA, et cette dernière mesure donne la distance cherchée AB.

Cette seconde solution est encore une conséquence de la propriété qu'ont les médianes d'un triangle de se croiser en un seul et même point qui est au 2/3 à partir du sommet.

Il est à remarquer aussi que cette nouvelle méthode de résolution comporte la vérification suivante que l'on ne doit pas négliger de faire :

La distance *DB* est divisée en deux parties égales par le prolongement de la droite passant par les points *P O*.

3° Solution. — *Soit encore proposé de déterminer la distance des points A B* (fig. 24), *entre lesquels se trouve la tour* T.

Par le point B menez les deux lignes *BV' BV* et par le point A les deux diagonales *D'D EE'*, puis jalonnez les nouvelles lignes *D'E E'D* qui concourent en S, vous formez ainsi le quadrilatère *D'E'DE*, dont les côtés prolongés donnent lieu à deux faisceaux harmoniques, et dont celui ayant son sommet en S est coupé par la transversale PI'B (tracée ainsi qu'il est indiqué dans la première solution du deuxième problème) ; ou, en d'autres termes, la droite I'I est divisée en parties harmoniques en vertu de la proposition (6), et l'on a la relation $IB = AI\left(\frac{AI + AI'}{AI' - AI}\right)$ (qui est une conséquence de la proportion harmonique, comme il a été remarqué dans la troisième proposition relative aux divisions harmoniques).

AI AI' étant mesurables, on déduit évidemment de cette dernière relation la grandeur du segment IB, et par suite la distance cherchée qui se compose de AI + IB.

Douzième problème.

Planche 5, fig. 41 et 42.

Trouver la distance du point M (fig. 41) *au point N qui est visible mais inaccessible.*

1re Solution. — Par le point M menez la droite quelconque MD, puis, par le point *O*, milieu de MD, tracez la ligne AC en prenant OC = AO, et joignez les points *N O*, *C D* par deux droites, vous déterminez ainsi par le prolongement de ces deux dernières lignes une distance BD qui est égale et parallèle à la distance cherchée MN; Car les droites *AC MD* qui se coupent respectivement en parties égales ne sont autres que les diagonales d'un parallélogramme, d'où il faut conclure que les deux triangles *MON BOD* ayant un côté égal adjacent à deux angles égaux sont égaux, et que conséquemment les deux côtés homologues *MN BD* sont égaux.

2e Solution. — Par le point M (fig. 42) menez deux diagonales *AD BC*, puis, tracez deux autres lignes concourant en *N* et rencontrant les diagonales aux points *A C D B*, enfin unissez les points *A B*, *C D* par deux droites, vous formez ainsi le quadrilatère *ABDC*, dans lequel la droite NM (qui joint le point de concours de deux côtés opposés au point de croisement des diagonales de ce quadrilatère, est divisée en parties harmoniques aux points *O I*, par les deux autres côtés opposés en vertu de la proposition (6), d'où il résulte que d'après la proposition (3) on obtiendra *ON* par la relation

$$ON = OM, \frac{(IM + OM)}{IM - OM},$$

dans laquelle le second nombre se compose de toutes grandeurs accessibles et mesurables, et par suite la distance cherchée MN qui est égale à MO + ON.

Nota. — Si les points N et M étaient pris sur les rives

d'une rivière ou d'un fleuve dans une direction perpendiculaire au courant, et que l'on désirât connaître la distance qui les sépare, c'est-à-dire la largeur du cours d'eau, on satisferait évidemment à ce désir en ayant recours à l'une ou l'autre des deux solutions qui viennent d'être données. Toutefois il est à remarquer qu'il est préférable d'employer la dernière solution qui s'appuie sur les faisceaux, parce que cette solution est applicable en toute circonstance et surtout parce qu'elle répond plus exactement à toutes les exigences des constructions graphiques.

Treizième problème

Planche 5, figure 43.

Soit proposé de déterminer la distance qui existe entre les points A B (fig. 43) *séparés par une mare.*

Tracez un triangle quelconque *ASB* ayant *AB* pour base et jalonnez une transversale passant par le point *N* milieu de *SB*, puis métrez les distances *AP PS AM* et la distance cherchée AB est déterminée par l'égalité

$$AB = AM \times \frac{PS - AP.}{AP}$$

Cette solution résulte du principe fondamental des transversales énoncé dans la première proposition, à savoir que le produit des trois segments qui n'ont pas d'extrémité commune égale le produit des trois autres.

Quatorzième problème

Planche 5, figure 39, et planche 6, figure 45.

Trouver la distance de deux points M N (fig. 39) *visibles mais inaccessibles.*

1re Solution. — Une solution très-élégante et très-com-

mode est encore celle que fournit la construction des deux faisceaux harmoniques auxquels donnent lieu les prolongements des côtés d'un quadrilatère quelconque. Du reste, cette solution est complètement identique à celle du problème (9) dans lequel on se propose de mener une parallèle à une droite visible mais inaccessible. En se reportant, en effet, à ce problème, on voit que la parallèle obtenue est en même temps égale à la demie de la distance.

Si, au lieu de prendre les distances *DM' DN'* égales à $\frac{DM}{2}$ et à $\frac{DN}{2}$, on eut porté les longueurs *DM' DN'* égales à $\frac{DM}{10}$ et à $\frac{DN}{10}$ ou à $\frac{DM}{100}$ et à $\frac{DN}{100}$, on aurait obtenu non plus la demie de la distance cherchée, mais la dixième partie ou la centième partie de cette distance.

2e Solution. — Lorsque l'on a à sa disposition une équerre, on peut encore procéder ainsi qu'il suit :

Faites avec votre instrument trois stations desquelles vous aperceviez, par les ouvertures, les points A B (fig. 45), plantez un piquet à chacun des centres de station *C D E*, et déterminez avec l'équerre sur *CE* le pied *O* de la perpendiculaire O D abaissée du sommet D sur CE ; puis mesurez les droites *CD DE OD*, et la distance AB sera donnée par la formule $AB = \frac{CD \times DE}{OD}$ (1).

On se rend compte de cette formule en remarquant que le lieu de tous les sommets d'angles droits, dont les côtés passent par deux points fixes, est la circonférence ayant pour diamètre la distance même des points fixes ; d'où il sait que les trois points *C D E* sont sur le cercle décrit sur *AB* comme diamètre. Or, on démontre dans les géométries de Bobillier et de Blanchet que dans un triangle inscrit le produit de deux côtés est égal au produit de la perpendiculaire, abaissée du sommet sur le troisième

côté pris pour base, par le diamètre du cercle circonscrit, Donc la légitimité de la formule (1) indiquée pour déterminer la distance inaccessible AB est bien établie.

Cette solution, qui exige que l'on ait à sa disposition un instrument ou tout au moins une équerre, est aussi, je crois, de Maschéroni, géomètre Italien, et je l'ai insérée ici parce qu'elle donne lieu à des remarques intéressantes.

Ainsi Servois fait observer qu'il n'est pas nécessaire que la droite AB soit vue des trois points *C D E* sous un angle droit, il suffit que cette droite *AB* soit vue sous des angles égaux et que la mesure de cet angle soit aussi celle de l'angle formé par les deux droites *CO OD*. La formule (1) qui précède conserve, en effet, la même forme dans ce cas général, et Servois en donne la démonstration en reprenant le raisonnement même de Maschéroni, et en faisant voir que ce raisonnement s'étend aussi au cas général d'un angle quelconque. Mais la démonstration de Servois, qui s'appuie sur les principes trigonométriques, peut être remplacée par un raisonnement géométrique très simple, analogue à celui dont il est fait maintenant usage pour le cas particulier où la droite AB est vue sous des angles droits.

Ainsi, la corde A B (fig. 49) s'apercevant sous un angle BDA de chacun des points *C D E*, et *DO* étant aussi la droite qui fait avec la base *CE* un angle égal à *BDA*,

on a pareillement $AB = \frac{CD \times DE}{DO}$,

En effet, le lieu de tous les sommets d'angles égaux, dont les côtés passent toujours par deux points fixes, étant un arc de cercle, il résulte de ce principe que les points *B C D E A* sont encore sur un même cercle *BCDEAMB*, et en menant *EM* faisant avec *DE* un angle aussi égal à l'angle BDA et en joignant le point M au point D, on forme encore un triangle DME semblable au triangle *CDO* comme équiangle, de telle sorte que l'on a la proportion :

$$\frac{DM}{DE} = \frac{CD}{DO} \text{ d'où } DM = \frac{CD \times DE}{DO},$$

ou $AB = \dfrac{CD \times DE}{DO}$ (en se rappelant que les cordes *AB* *DM* qui sous-tendent des arcs égaux sont égales) qui est bien une formule de même forme que la formule primitive (1) ci-dessus.

Quinzième problème.

Planche 5, figure 39.

Soit proposé de trouver la distance DH (fig. 39) *du point D à la droite inaccessible MN.*

1re Solution. — Faites les constructions identiques à celles concernant la première solution du problème (9), et opérez ainsi qu'il est indiqué dans le texte.

Vous obtiendrez de cette manière et sans difficulté aucune les longeurs des côtés MD DN et la grandeur MN qui est double de M'N'. Le triangle MDN étant ainsi connu par ses côtés, la détermination de l'aire de ce triangle en sera une conséquence par l'application de la formule connue $\sqrt{p\,(p-a)\,(p-b)\,(p-c)}$.

Or, l'aire du triangle *MDN* est aussi égale à $\dfrac{HD \times MN}{2}$.

Donc, en représentant par S cette aire on aura :

$S = \dfrac{HD \times MN}{2}$ ou $HD = \dfrac{2S}{MN}$, égalité dont le second membre se compose de toutes quantités déterminées préalablement, et qui fait connaître par conséquent la hauteur cherchée HD.

2e Solution. — Après avoir fait les constructions identiques à celles concernant la première solution du problème (9), menez la perpendiculaire D*d* (fig. 39), par

l'un des procédés indiqués problème (8), et cette perpendiculaire que vous chaînerez sera la 1/2 de la hauteur cherchée DH.

Cette dernière solution est une conséquence de la similitude des figures.

Dans ce recueil de solutions j'ai fait un continuel usage de la relation $BO' = \frac{BO(AO + BO)}{AO - BO}$ tirée de la proportion harmonique $\frac{OB}{OA} = \frac{O'B}{O'A}$ de la proposition (3), relation qui fait connaître *BO'* à l'aide des seules distances *AO OB*, ou, pour me servir des expressions maintenant en usage, relation au moyen de laquelle on détermine le point conjugué O' de O.

J'ai eu aussi généralement recours aux deux faisceaux harmoniques provenant du prolongement des côtés d'un quadrilatère quelconque, et bien que j'aie inséré quelques solutions basées sur certaines propriétés des triangles, des quadrilatères simples, des quadrilatères semblables, il n'échappera pas au lecteur que le but principal de mes efforts a été, ainsi que je l'ai insinué en tête de cet opuscule, de faire ressortir la simplicité et la fécondité des ressources qu'offrent les faisceaux et divisions harmoniques, pour la solution des différents problèmes que l'on peut se proposer sur la mesure des distances et le tracé des alignements sans instrument.

Il reste assurément encore beaucoup à dire sur l'emploi de ces notations (qui proviennent en grande partie de la belle et simple théorie des transversales du général Carnot), car je n'ai pas abordé le cas où une transversale est coupée par un faisceau harmonique, partie par quelques lignes de ce faisceau, et partie par les prolongements des autres lignes au-delà de leur point de concours.

M. Poncelet signale ce cas particulier, dans son remar-

quable Traité des propriétés projectives, en faisant remarquer que ces sortes de transversales, qu'il appelle perspectives supplémentaires, jouissent, comme toutes les perspectives réelles, des mêmes propriétés projectives métriques ; d'où il faut conclure que la théorie des faisceaux harmoniques est une théorie générale qui ne comporte aucune exception, et que toujours une transversale est divisée en parties harmoniques par les lignes d'un faisceau harmonique.

Du reste, ce principe s'explique aussi, sans considération de propriétés projectives, en s'appuyant seulement sur cette notion élémentaire, que, dans tous les triangles ayant un angle égal ou supplémentaire, le rapport de l'aire du triangle au rectangle fait sur les côtés comprenant l'angle égal ou supplémentaire est un rapport constant.

Le bon Lafontaine a dit quelque part que les meilleurs sujets ne doivent jamais être épuisés. J'adopte assez cette opinion et je laisse pour exercices les applications plus ou moins heureuses qui peuvent être faites du principe des faisceaux harmoniques dans toute sa généralité.

DEUXIÈME PARTIE.

GÉOMÉTRIE DU JALONNEMENT

ÉTENDUE AU RACCORDEMENT DES ALIGNEMENTS.

Pour le tracé des diverses lignes d'alignement comme pour celui des diverses lignes de pente et de rampe, il est de principe d'arrondir les angles. On trouve bien dans quelques cours de construction, écrits spécialement pour les élèves de l'Ecole des ponts-et-chaussées, quelques méthodes graphiques de raccordement d'alignement ; mais on n'y parle en aucune manière de raccordement de profil. Il existe d'ailleurs plusieurs procédés nouveaux de raccordement ; et c'est autant pour les faire connaître, que pour suppléer à l'omission dont je viens de parler, que j'ai cru devoir publier ce petit Recueil de procédés graphiques.

Avant d'entrer en matière, je ferai remarquer que toutes les courbes de raccordement auxquelles j'ai eu recours appartiennent à la classe des coniques; j'ajouterai qu'en indiquant leurs constructions graphiques, je ne me suis pas imposé l'obligation de donner tous les détails des démonstrations rigoureuses, et que je me suis borné à rappeler ces deux propriétés fondamentales des coniques tangentes à savoir : que dans toute conique tangente le diamètre conjugué est divisé en parties harmoniques par la corde de contact et le point de concours des deux tangentes, et que le rapport du carré d'une demi corde au produit de segments correspondants est un rapport constant.

Dix-huitième problème.

Planche 7, figure 51, 52, 53, et Planche 8, figure 57.

RACORDEMENT DE DEUX ALIGNEMENTS DROITS SUR LES ROUTES ORDINAIRES PAR UN ARC DE CERCLE, DANS LA SUPPOSITION QUE L'ON A A SA DISPOSITION UN GONIOMÈTRE.

Soient les alignements AP AR (fig. 51.) *faisant un angle quelconque à raccorder par un arc de cercle, en prenant pour longueur des tangentes les grandeurs égales AC AB.*

1re SOLUTION. — Disposez l'ouverture mobile d'un goniomètre de telle façon qu'elle fasse avec l'ouverture fixe un angle dont la mesure est égale à $90° + \text{angle} \frac{CAB}{2}$; promenez le pied de l'instrument ainsi disposé de manière à apercevoir toujours les points de tangence *CB* ; les diverses stations faites dans de telles conditions, fournissent autant de points de l'arc de cercle cherché ; et c'est ainsi qu'on été obtenus les différents points *D E F G.*

Ce procédé de raccordement est fondé sur le principe de géométrie suivant : *Le lieu de tous les sommets d'angles égaux dont les côtés passent toujours par deux points fixes est un arc de cercle.*

2e SOLUTION. — Tracez la corde *AC* (fig. 52) et menez les bissectrices *BS CD* des angles *ABC BCA*, le point D de rencontre de ces bissectrices sera un point de l'arc circulaire cherché.

Pour avoir deux nouveaux points, menez par le point D parallèlement à *AC* la droite *MN* et tirez les cordes *AD DC* ; vous formerez ainsi deux nouveaux triangles AMD DNC et, en opérant dans chacun d'eux comme dans le premier ABC, vous déterminerez deux autres points D' D" de l'arc.

Semblablement, en menant des points *D'' D'* les parallèles *LL' PP'* aux cordes *AD DC* et en menant les nouvelles cordes *AD' D'D DD'' D''C*, vous construisez une série de triangles *ALD' D'L'D DPD'' D''P'C* qui, étant de même traités comme le premier, fourniront chacun un nouveau point de l'arc cherché (1).

3ᵉ Solution. — Divisez chacun des angles *ACB ABC* (fig. 57) en un même nombre pair de parties égales qui soit une puissance de 2 (ce qui se fait en divisant d'abord par 2, puis chaque partie par 2, et toujours ainsi de suite), les points de rencontre des lignes de division dans l'ordre indiqué par la figure sont des points d'un cercle tangent aux côtés *AC CB*.

On se rend compte de ce procédé en remarquant que les divers angles *CIB COB CVB*, dont les côtés passent par les extrémités CB d'une même droite, sont tous égaux à l'angle FCB, et que le lieu des sommets de tous ces angles égaux appartient à l'arc de cercle cherché.

4ᵉ Solution, relative au cas particulier où l'angle à raccorder est de soixante degrés.

Ainsi, *soit proposé de raccorder lés deux alignements droits AM AN faisant un angle de 60°* (fig. 53) *par un arc de cercle tangent aux alignements aux points DC, également distants du point* A.

Pour cet objet, divisez *AD AC* en un même nombre quelconque pair de parties égales, puis unissez les points de tangence *DC* aux points de di[illegible]sion, les points d'intersection *O O' O''* de ces deux faisceaux de lignes concourantes, considérées deux à deux et prises dans un ordre inverse ainsi qu'il est indiqué dans la figure, seront les différents points de l'arc cherché.

On prouve, en effet, que chacun des angles *MDC DOC DO'C DO''C* vaut 120°. Ainsi, le triangle ADC qui

---

(1) La raison de ce procédé est facile à comprendre en supposant le problème résolu et je ne crois pas devoir m'y arrêter.

a tous ses angles de 60° est un triangle équilatéral, et il en résulte que l'angle extérieur MDC, qui est égal à la somme des angles intérieurs *DAC ACD*, vaut 120°. Considérons encore l'angle *DOC* et démontrons que cet angle vaut pareillement 120°.

D'abord, l'angle extérieur DOC = EDO + DEO (1), deux angles intérieurs du triangle DEO; mais angle *EDO* ou ADH = angle ECD, puisque les deux triangles *ADH EDC* sont égaux comme ayant un angle égal compris entre deux côtés égaux, et, d'une autre part, angle extérieur DEO = *DAC*+ *ECA*, deux angles intérieurs du triangle *EAC*.

Donc, en remplaçant *EDO DEO* par leurs valeurs, l'égalité (1) deviendra :

angle DOC = ECD + ECA + DAC = DCA + DAC = 120°.

On démontrerait semblablement que les autres angles valent chacun 120° comme il a été avancé.

D'où il faut conclure que les différents points *D O O' O'' C* appartiennent encore à l'arc de cercle du raccordement cherché comme étant le lieu des sommets de tous angles égaux dont les côtés passent par les extrémités *CD* d'une même droite.

Cette méthode, relative au raccordement des alignements faisant un angle de 60°, manque de généralité et n'est évidemmet qu'une solution particulière comme il a été avancé, et ainsi qu'on le verra encore dans le problème (19) qui suit.

Dix-neuvième problème

Planche 8, fig. 56.

RACCORDEMENT D'ALIGNEMENTS PAR UN ARC ELLIPTIQUE.

Soit proposé de raccorder les alignements BR BR' (figure 56) *par une conique tangente en les points quelconque AD et passant par le centre de gravité du triangle DAB.*

Divisez *BA BD* en un nombre quelconque pair de parties égales, puis unissez les points de tangence *AD* aux points de division de la manière indiquée par la figure, et les points d'intersection *I P N M H E C* des lignes de construction sont les différents points de l'arc elliptique de raccordement cherché.

D'abord, le point M, point de croisement des lignes passant par les sommets *AD* et les milieux D^{IV} B^{IV} des côtés *BD AB*, est le centre de gravité du triangle *ABD*, et il reste à faire voir que la courbe obtenue est une conique tangente.

A cet effet, joignez le point *B* au point *O* milieu de *AD*, puis divisez cette ligne *BO*, qui passe aussi par le point *M*, en parties harmoniques à partir du point M, et soit *N* le point harmonique correspondant au point *M*.

Enfin, considérez *MN* comme diamètre, et rappelez-vous que les deux propriétés caractéristiques des coniques tangentes consistent : 1° en ce que ces coniques doivent avoir leur diamètre divisé harmoniquement par le point de concours des tangentes et le milieu de la corde de contact, et 2° en ce que ces coniques doivent être telles que le rapport du carré d'une demi-corde ou produit des segments faits sur le diamètre soit un rapport constant.

Or, on démontre, à l'aide de la théorie des transversales du général Carnot, que la conique dont il s'agit, jouit de ces deux propriétés caractéristiques : donc elle est la conique demandée.

Mais il faut encore préciser la nature de la conique, et l'on y parvient par la petite discussion suivante :

Si la conique était une parabole tangente, on sait que dans ce cas le sommet M devrait être sur le milieu de *OB*, ce qui n'a pas lieu, puisque le point M n'est autre que le centre de gravité du triangle ACD. La conique n'est pas non plus un cercle, car on fait voir qu'une telle courbe ne s'obtient que lorsque, *BA* et *BD* étant égaux.

les lignes de division divisent en outre les angles *A* et *D* en parties égales. Enfin, le diamètre étant dans la partie concave de la courbe, cette courbe ne peut pas être une hyperbole. Donc elle est une ellipse et telle est la conclusion à tirer sur la nature de la courbe de raccordement obtenue par le procédé qui vient d'être décrit et que j'ai déjà fait imprimer, il y a près de trente ans, dans une feuille spéciale distribuée seulement à quelques amis.

Nota. — Lorsque le rapport du carré d'une demi-corde au produit des segments correspondants est l'unité, l'arc de raccordement elliptique se transforme en un arc circulaire, et c'est précisément ce qui arrive pour le cas particulier où l'angle à raccorder est de 60°, et lorsque les longueurs des tangentes *BD BA* sont égales (1), d'où on est en droit de conclure que la méthode de raccordement, expliquée dans la quatrième solution qui précède, peut aussi très bien se déduire du problème 19 dont elle n'est qu'un cas particulier.

Vingtième problème.

Planche 7, figures 54 et 55.

RACCORDEMENT D'ALIGNEMENTS PAR UN ARC PARABOLIQUE.

Soient les deux alignements AP AL (fig. 54) à raccorder aux points quelconques B C par un arc parabolique.

1re Solution. — Pour cet objet joignez *A* au point *K* milieu de BC, divisez *AK* en un nombre quelconque pair de parties égales par les points *H V I S R*, joignez chacun des sommets *B C* à ces différents points de division,

---

(1) En cherchant le point conjugué N on trouve en effet $ON = 3OM$ et, par suite, $OM \times 3OM$ ou $OM \times ON = 3OM^2$. En outre, le triangle rectangle BOD dans lequel l'hypoténuse $BD = 2OD$ fournit aussi l'égalité $OD^2 = 3OM^2$. Donc la propriété caractéristique du cercle subsiste.

vous formerez de cette manière deux systèmes de droites dont les points de rencontre deux à deux, dans l'ordre indiqué par la figure, sont autant de points de l'arc parabolique cherché.

On se rend compte de ce procédé en se rappelant que les deux propriétés caractéristiques des paraboles tangentes consistent en ce que le rapport du carré d'une demi corde au segment correspondant est un rapport constant, et en ce que le sommet de la courbe partage le diamètre compris entre la corde de contact et le point de concours des tangentes, en deux parties égales.

Or, cette dernière propriété subsiste par construction, et l'existence de la première est établie maintenant dans plusieurs géométries élémentaires (elle est du reste une conséquence de la théorie des transversales).

Donc la courbe *BDOIMNC* est bien l'arc parabolique demandé.

2e Solution. — *Soient encore les deux alignements AR AP* (fig. 55), *à raccorder aux points B C par un arc parabolique tangent.*

A cet effet joignez le point *A* au point *H* milieu de *BC*, et divisez *AI* 1/2 de *AH* en un nombre quelconque pair de parties égales, en quatre par exemple ;

Ensuite divisez *BH HC* en quatre parties égales et joignez les points *B C* aux points de division de AI ; puis enfin par les points de division de BC menez des parallèles à AH, les points de rencontre de ces parallèles avec les autres lignes de construction, selon l'ordre indiqué par la figure, forment un arc parabolique tangent aux alignements donnés *AR AP* aux points de contact *B C*.

La raison de ce procédé se déduit pareillement de la théorie des transversales.

Vingt et unième problème

Planche 8, figure 59.

MÉTHODE GRAPHIQUE DE RACCORDEMENT D'ALIGNEMENTS PAR UN ARC PARABOLIQUE, ENSEIGNÉE A L'ÉCOLE DES PONTS-ET-CHAUSSÉES.

Soient les deux alignements AP AR (fig. 59), *à raccorder au point B C inégalement distants de A.*

Divisez *AB AC* en un même nombre par de parties égales, puis joignez successivement chacun des points de division de AB à chacun des points de division de AC, en suivant l'ordre indiqué par la figure ; vous obtiendrez ainsi un seul système de droites se coupant alternativement et formant un arc parabolique qui approche d'autant plus d'être tangent aux alignements *AP AR* que le nombre de divisions est plus grand.

Ce procédé est extrait d'un cours de construction fait par feu M. Sganzin à l'école des ponts-et-chaussées.

La courbe obtenue, par le procédé qui vient d'être décrit, est non pas un arc parabolique tangent, mais un arc parabolique sécant auquel on a néanmoins recours, parce que d'une part sa construction est simple, et parce qu'en outre le défaut de tangence est un défaut peu apparent, n'ayant pour ainsi dire aucune importance à l'égard de la parabole qui est, en effet, une courbe de raccordement à branche infinie jouissant du précieux avantage de procurer un passage insensible de l'alignement droit à l'alignement courbe.

Je le répète, la courbe ci-dessus obtenue, qui satisfait parfaitement l'œil, satisfait aussi la théorie lorsque le nombre de division est très grand (1).

---

(1) Pendant longtemps cette courbe a été donnée comme une courbe exacte de raccordement sous tous les rapports : elle paraît, en effet, ne

Vingt-deuxième problème.

Planche 8, figure 58.

RACCORDEMENTS A INFEXION PAR DES ARCS PARABOLIQUES QUI, COMME DANS LE PROBLÈME PRÉCÉDENT, SATISFONT D'AUTANT MIEUX A LA QUESTION QUE LE NOMBRE DE DIVISIONS EST GRAND.

Soit le zigzag RSS'P (fig. 58), *que l'on se propose de raccorder par une sorte de S passant par les points D B C pris à volonté.*

En appliquant dans chacun des angles *S S'* la méthode employée à la résolution du problème (21), la question se trouve résolue par deux paraboles qui, ainsi qu'il a été fait observer, approcheront d'autant plus d'être tangentes aux alignements droits que le nombre de divisions sera grand.

Dans les exemples précédents de raccordements sur les routes ordinaires on doit généralement employer la méthode de jalonnement qui vient d'être exposée, que l'on n'ait pas ou que l'on ait des instruments à sa disposition.

Vingt-troisième problème

Planche 8, figure 60.

RACCORDEMENT EN PLAN VERTICAL, OU RACCORDEMENT DES PENTES ET RAMPES PAR LA PARABOLE.

Soient AQ AL (fig. 60), *les rampes et pentes à raccorder par une parabole tangente, qui a pour diamètre la verticale*

---

laisser rien à désirer, et aucun élève de l'école des ponts-et-chaussées n'a eu la pensée de vérifier le fait.

C'est en m'arrêtant à cette question et en la traitant de diverses manières que je me suis aperçu que la parabole de M. Sganzin n'était pas mathématiquement une parabole tangente. J'ai signalé cette erreur théorique à M. Guillebon, inspecteur, et c'est depuis cette époque que l'on enseigne la courbe de raccordement, objet de cet article, telle que je l'ai décrite, en prouvant qu'elle satisfait à l'une des deux conditions des paraboles tangentes, et que la seconde n'est remplie que lorsque le nombre de divisions est infini.

AO, *et dont le sommet* O *situé sur la verticale* AO *est aussi donné seulement à l'aide de piquets et de mires.*

D'abord déterminez les points de tangence *B C* en opérant graphiquement sur le terrain, ainsi qu'il est indiqué fig. 50 ; c'est-à-dire en traçant en place les lignes de pente et rampe *A'Q' A'L'* en menant *O'R* parallèlement à A'Q', en portant RH = A'R, de manière à obtenir la ligne PH (qui se trouve ainsi divisée en deux parties égales) ; puis enfin en reportant sur la figure primitive 60 la grandeur *AB* double de *A'P* et la grandeur *AC* double de *A'H* les points (1) *B C*, ainsi obtenus, sont bien les points de tangence cherchés. Ces points peuvent encore s'obtenir analytiquement par la résolution de quelques triangles qui n'entraînent dans aucune difficulté.

Les points de tangence *B C* étant déterminés, vous procédez ensuite ainsi qu'il suit :

Divisez *AO* (fig. 60), en un nombre quelconque pair de parties égales, en quatre par exemple, divisez pareillement en quatre les distances *AB AC*, et plantez des piquets aux points de division de *AB* et de *AC* ; puis, pour avoir un point quelconque *1* de la courbe, vous faites glisser le long du piquet *MN* une petite mire de même hauteur que celles placées en B et en D, jusqu'à ce que les trois voyants soient en ligne droite, et vous faites une coche au pied de la mire placée le long du piquet MN ; cette coche donne le point cherché I, parce qu'en effet vous aurez reproduit de cette sorte les lignes de construction qui donnent la deuxième solution du problème 20.

En opérant semblablement sur les autres piquets, on découvre successivement les différents points de l'arc parabolique cherché.

---

(1) Ce procédé n'est pas toujours commode à suivre et en général il est préférable d'obtenir ces points de tangence par la méthode analytique indiquée dans le 28e problème de l'appendice.

Cette méthode de raccordement, qui n'exige que l'emploi de petites mires est, comme on voit, d'une application facile.

Tous les problèmes géométriques peuvent se résoudre analytiquement, et l'on aurait pu obtenir par le calcul toutes les courbes de raccordement formant l'objet de cette seconde partie. En outre, les méthodes graphiques qui y sont exposées ne sont pas toutes nouvelles ; mais si ces méthodes ne sont, à l'égard de quelques unes, que des solutions de problèmes connus, elles sont, je le répète, d'une application facile, et c'est principalement sous ce point de vue d'utilité que je les ai données. En général, toutes les courbes obtenues d'une manière semblable, par intersection de lignes qui se contournent, sont gracieuses, et l'on peut remarquer qu'il faudrait une erreur matérielle pour déranger la courbure de ces lignes (1).

Je ne tirerai aucune conséquence de ces avantages des solutions graphiques, que l'on ne peut obtenir bien entendu qu'en pays découvert, et je me livrerai encore moins à un parallèle entre l'analyse et le graphicisme, qui me paraissent être deux très importantes sources de résolution ayant chacune leur genre de mérite propre. Je dirai seulement que si les grandeurs linéaires et angulaires s'obtiennent généralement à l'aide de l'analyse, les questions de forme se résolvent plus particulièrement en ayant recours aux constructions graphiques.

---

(1) Je le répète, dans cette partie, comme dans la première, je me suis attaché principalement à faire voir que les notations harmoniques concurremment avec la théorie des transversales dont elles sont des conséquences, sont très propres à résoudre la plupart des problèmes qui se rattachent au tracé des alignements et à la mesure des distances sans instrument. Sans doute, cette théorie des divisions harmoniques n'est pas seule applicable ; les propriétés du quadrilatère et de l'hexagramme inscrit, les involutions de cinq points, la théorie des polaires, les propriétés harmoniques, homologiques et autres, fournissent aussi bon nombre de méthodes graphiques de tracé d'alignements et de mesure des distances sans instrument ; mais la plupart des points se déterminant par la rencontre de droites qui concourent sous des angles très aigus, il en résulte que les exigences des constructions graphiques ne sont pas satisfaites.

TROISIÈME PARTIE.

APPENDICE

Renfermant quelques Méthodes analytiques de Raccordement des Alignements.

OBSERVATIONS PRÉLIMINAIRES.

Autrefois la leçon consacrée au raccordement des alignements était extrêmement courte, et elle se bornait à l'exposition de quelques uns des procédés graphiques rappelés dans la deuxième partie ci-dessus et que l'on trouve insérés dans le cours de construction de M. Sganzin, procédés au moyen desquels le raccordement s'effectue sans considération aucune des rayons de courbure, et étant donné seulement l'angle à arrondir avec les longueurs des tangentes.

Mais cette question de raccordement, que l'on ne faisait alors qu'effleurer, s'est transformée tout à coup en une question du premier ordre, par suite de la multiplicité des voies de communication, et surtout à cause de la construction des chemins de fer pour lesquels l'inobservation des conditions concernant les rayons de courbure pourrait avoir les conséquences les plus graves.

Il a été tenu compte ici de cette impérieuse nécessité, et l'on a eu principalement égard aux rayons de courbure, dans les divers procédés analytiques de raccordement exposés dans cet appendice, qu'une methode nouvelle de raccordement par la parabole, sans le secours d'aucune table, caractérise particulièrement.

Avant d'aborder mon sujet, il ne me paraît pas inutile de parler des courbes propres au raccordement des alignements, en rappelant les noms des auteurs qui ont signalé les diverses propriétés dont elles jouissent et dont les ouvrages intéressants sont à consulter.

Les courbes qui peuvent être employées avec le plus de succès au raccordement des alignements, sont généralement les courbes dites sections coniques.

Ces courbes très curieuses et très utiles forment quatre familles différentes : le cercle, la parabole, l'ellipse et l'hyperbole. Les anciens géomètres ont trouvé quelques unes des propriétés remarquables dont jouissent ces courbes, auxquelles ils ont donné le nom de sections coniques, parce qu'elles proviennent de la section faite par un plan dans un cône, et qu'ils supposaient qu'il n'y avait que ces sortes de section qui pussent produire ce genre de courbes (1).

Les sections coniques ont été aussi l'objet de travaux très remarquables de la part des géomètres modernes qui ont trouvé les principales propriétés dont elles jouissent à l'aide de théories nouvelles très fécondes ; la méthode des indéterminées de Descartes fournit en effet des démonstrations analytiques très élégantes de ces diverses propriétés, la théorie des transversales de Carnot, et le remarquable traité des propriétés projectives de Poncelet donnent des démonstrations très ingénieuses de ces mêmes principes ; MM. *Servois*, Brianchon, Chasles, Quételet, Ollivier ont aussi, par des considérations géométriques, trouvé les propriétés les plus importantes des coniques ; enfin, M. Bobillier, dans son excellente géométrie plane, a pareillement inséré

---

(1) Les anciens ne connaissaient pas les surfaces gauches, et l'on prouve aujourd'hui que les sections faites dans des surfaces gauches, et notamment dans l'hyperboloïde de révolution, donnent pareillement une très grande variété de courbes de cette nature ; de telle sorte que la dénomination de sections coniques n'est plus aujourd'hui une dénomination propre.

des démonstrations fort simples de ces mêmes propriétés (1).

Les coniques auxquelles on a le plus souvent recours dans le raccordement des alignements, sont le cercle et la parabole: le cercle en vertu de sa courbure uniforme, et la parabole à cause du passage insensible de l'alignement droit à l'alignement courbe que son emploi procure. Indépendamment de ces propriétés caractéristiques, le principe de similitude des figures est applicable au cas de deux arcs de cercle de rayons différents raccordant un même angle, comme au cas de deux arcs paraboliques de paramètres différents, raccordant un même angle et ayant même diamètre, ce qui permet de déduire les ordonnées véritables de celles des tables calculées dans la supposition du rayon = 1 et du paramètre = 1 ; ainsi, au double point de vue de la mécanique et de l'économie de temps, le cercle et la parabole offrent des avantages dont il importe de profiter, et ce sont ces deux coniques, qui se rapprochent le plus par les propriétés communes (2), qui forment l'objet principal de cet appendice.

Cependant deux arcs de cycloïde raccordant un même angle, et étant tous deux symétriques par rapport à la bissectrice de cet angle, remplissent aussi les deux conditions de similitude voulues, et les longueurs des tangentes, des cordes, des flèches, des arcs, c'est-à-

---

(1) Le cercle décrit sur deux points conjugués extrémités du diamètre, est aussi le lieu des points dont le rapport des distances aux extrémités de la droite est égal à un rapport donné. Ce principe donne lieu à une nouvelle théorie des coniques développée par M. Terquem, dans un *Manuel de Géométrie*, publié par Roret.

(2) Si, en effet, deux cercles quelconques sont deux courbes semblables, deux paraboles d'un paramètre quelconque sont aussi deux courbes semblables (ces courbes étant limitées par des x pris proportionnellement aux paramètres). D'une autre part, si dans le cercle toutes les normales, ou plutôt tous les rayons, sont des quantités constantes toutes égales à la 1/2 du paramètre, pareillement dans la parabole toutes les sous-normales sont des quantités constantes toutes égales à la 1/2 du paramètre. Et de même que le cercle peut se tracer avec une équerre sur le terrain, la parabole peut encore se tracer sur le terrain avec une équerre.

dire les longueurs de tous les éléments principaux sont dans le rapport des rayons des cercles générateurs.

La cycloïde, qui ne fait pas partie des coniques proprement dites puisqu'elle est seulement engendrée par une conique, le cercle, peut donc aussi être employée au raccordement des alignements, d'autant plus que les éléments principaux de la cycloïde, y compris grandeur des rayons de courbure, rectification des arcs, aire des segments, s'obtiennent à l'aide de principes fort simples et par les seules notions de la géométrie élémentaire.

Mais dans cet appendice, auquel j'ai craint de donner trop d'extension, je n'ai pas cru devoir entrer dans les détails de l'application de cette nouvelle méthode et je me suis borné à en dire quelques mots pour en faire ressortir les avantages, en parlant d'une sorte de parallèle que M. Prus, ingénieur en chef, a cherché à établir entre les divers procédés de raccordement des alignements.

DÉFINITIONS ET PRINCIPES.

Toutes les notions relatives aux directrices, paramètres, rayons de courbure etc., étant encore des notions peu répandues, je crois devoir commencer par rappeler quelques définitions et quelques principes auxquels j'ai eu recours dans cet appendice.

1° Une conique est un cercle, une parabole, une ellipse, ou une hyperbole, selon que le plan sécant, dans un cône droit est parallèle à la base, ou est parallèle à l'un des plans tangents au cône, ou coupe la première nappe du cône sans être parallèle à la base, ou enfin coupe les deux nappes en étant parallèle à un plan passant par le sommet, dit *plan sécant*.

On définit plus généralement les coniques par les propriétés de leurs foyers, ainsi qu'il suit :

La circonférence est le lieu géométrique de tous les points également distants d'un point fixe appelé foyer, ou plus communément centre.

La parabole est le lieu géométrique de tous les points égalament distants d'un point fixe appelé foyer et d'une droite fixe appelée directrice.

L'ellipse est le lieu géométrique de tous les points dont la somme des distances de chacun d'eux à deux points fixes appelés pareillement foyers est une grandeur constante.

Enfin, l'hyperbole est le lieu géométrique de tous les points dont la différence des distances de chacun d'eux à deux points fixes, toujours aussi appelés foyers, est de même une grandeur constante.

2° Dans la parabole, les distances d'un point de la courbe à la directrice et au foyer se nomment rayons vecteurs, dans l'ellipse et l'hyperbole on nomme aussi rayons vecteurs les distances d'un point de la courbe aux deux foyers ;

Dans la parabole, la perpendiculaire à la directrice, passant par le foyer, se nomme l'axe de la parabole, et la corde parallèle à la directrice passant aussi par le foyer reçoit la dénomination de paramètre ; dans l'ellipse et l'hyperbole les cordes parallèles aux petits axes et passant par les foyers reçoivent aussi chacune la dénomination de paramètre.

L'ellipse et l'hyperbole ont pareillement deux directrices, ce sont des droites parallèles au petit axe, telles que chacune d'elles coupe le grand axe en un point qui est le conjugué du foyer le plus voisin.

3° *Des développantes et des développées.*

Planche 9, fig. 62.

Enroulons un fil inextensible sur le contour d'une ligne polygonale quelconque ABCDEF (fig. 62) ; et, l'une des extrémités ayant été fixée à cette ligne au point F,

déroulons ce fil à partir de l'extrémité A en ayant soin de le maintenir constamment tendu.

Le point *A* décrira d'abord un arc circulaire autour du centre B : ensuite un deuxième arc B'C' autour du centre *C*, puis un troisième arc C'D' autour du centre D et toujours ainsi de suite. Si l'on imagine maintenant que les côtés *AB BC CD* etc., deviennent infiniment petits, les arcs circulaires *AB' B'C' C'D'* etc., seront aussi très petits. La courbe AB'B'D'E' prend le nom de développante de la courbe ABCDE, et réciproquement celle-ci est dite la développée de celle-là.

Il résulte de cette définition que toutes les tangentes *AB BC CD DE* de la développée ABCDE sont normales à la développantes AB'C'D'E' et qu'à l'inverse toutes les normales de la développante sont tangentes à la développée.

Les développantes et les développées sont des courbes différentes, et ce n'est que dans le cas de la cycloïde que la développante est elle-même une cycloïde.

4° *Cercle osculateur et rayon de courbure.*

Planche 8, fig. 61 et planche 9, fig. 62 et 63.

Il est à remarquer qu'un arc élémentaire quelconque de la ligne AB'C'D'E' (fig. 63), par exemple l'arc C'D' fait partie d'une circonférence de rayon DC' qui passe en dehors de l'arc précédent B'C' dont le centre est *C*, et en dedans de l'arc suivant D'E' dont le centre est E. Cette circonférence unique passant par trois points infiniment voisins et qui touche et coupe à la fois la courbe en un même point s'appelle circonférence osculatrice, le rayon DC' prend le nom de rayon de courbure et le centre D celui de centre de courbure.

5° Lorsque deux arcs de cercle raccordent un même angle (fig. 61), le rapport des tangentes, des demi cordes, des flèches, des sécantes, et des grandeurs linéaires d'arcs est le même que celui des rayons ; en outre, les rapports

harmoniques des deux diamètres passant par le sommet commun sont égaux.

Lorsque deux arcs paraboliques raccordent un même angle, et qu'ils ont même diamètre, ces arcs sont pareillement des arcs semblables, et des propriétés analogues à celles qui précèdent subsistent.

Les arcs *ADB A'D'B'* qui servent de mesure à un même angle et qui sont conséquemment semblables ne sont pas des arcs équidistants ; en général, des courbes semblables ne sont pas des courbes équidistantes ; cependant, si les arcs semblables étaient concentriques, ces arcs seraient alors équidistants, ce qui formerait une exception ainsi qu'il est indiqué figure 67.

Propriétés générales des Coniques.

Planche 9. fig. 64, 65 et 66.

6° Le lieu géométrique de tous les milieux de cordes parallèles est une seule et même droite appelée diamètre de la conique.

Dans toute conique rapportée soit à l'un de ses axes, soit à l'un quelconques de ses diamètres, le rapport du carré de l'ordonnée ou d'une demi-corde au produit des segments correspondants est un rapport constant duquel se déduisent les formules suivantes :

$a^2y^2 + b^2x^2 = a^2b^2$ qui est l'équation de l'ellipse,

$a^2y^2 - b^2x^2 = - a^2b^2$ qui est l'équation de l'hyperbole, a b étant les demi-axes,

$y^2 = px$ (p représentant le rapport constant du carré de l'ordonnée au segment) qui est l'équation de la parabole.

7° Dans toutes coniques le diamètre est divisé en parties harmoniques par la corde de contact et le point de concours des tangentes.

Dans le cas particulier de la parabole, l'une des extrémités du diamètre se trouvant à l'infini, le sommet de la

courbe qui est ainsi conjugué doit se trouver, ainsi qu'il a été remarqué dans la première partie, sur le milieu de la portion du diamètre comprise entre la corde de contact et le point de concours des tangentes.

(Cette propriété se démontre du reste d'une manière très-simple sans aucune considération de l'infini.)

8° *Méthode de détermination du rayon de courbure applicable à toutes les coniques.*

Soit pris pour exemple l'ellipse et soit proposé de déterminer le rayon de courbure en un point M (fig. 64). Je m'appuierai sur ce principe de la géométrie de Bobillier à savoir que les deux cordes d'intersection d'un cercle quelconque avec une conique font des angles égaux avec l'axe. D'après ce principe la circonférence osculatrice du point *M* ayant avec l'ellipse trois points communs infiniment voisins du point *M* doit couper cette ligne en un quatrième point *N*, et la tangente *MI* du point *M* et la corde *MN*, pouvant être considérées comme des cordes qui unissent ces 4 points deux à deux, sont également inclinées sur l'axe AB.

De là cette construction élégante : on mène la tangente *MI* du point *M* et la demi-corde MP perpendiculaire à l'axe ; on prend $PQ = PI$ et on tire *MQ* qui coupe l'ellipse en N ; par les points *M N* on fait passer une circonférence tangente à *MI*, c'est la circonférence osculatrice dont le rayon OM est le rayon de courbure du point.

Outre cette méthode générale, il existe une méthode particulière pour l'ellipse et la parabole.

Ainsi, dans l'ellipse, le rayon de courbure est égal au cube du demi-diamètre (parallèle à la tangente au point où l'on veut avoir le rayon de courbure) divisé par le produit des demi-axes, ou en d'autres termes, les rayons de courbure d'une ellipse sont proportionnels aux cubes des demi-diamètres parallèles aux tangentes aux points de la courbe dont on prend les rayons de courbure,

Et quant à la parabole, on peut aussi très facilement...

obtenir le rayon de courbure en s'appuyant sur ce principe, que le rayon de courbure en un point de la parabole, a sa projection, sur le rayon vecteur passant en ce point, divisée en deux parties égales par le foyer.

9° Dans toutes les coniques, le rayon minimum de courbure est égal à la 1/2 du paramètre, ou en d'autres termes, à la 1/2 de la corde perpendiculaire à l'axe passant par le foyer.

10° Tous les axes des coniques sont divisés harmoniquement par le foyer et la directrice relative à ce foyer, ou en d'autres termes, les deux tangentes issues des extrémités du paramètre concourent sur l'axe en un point de la directrice qui est perpendiculaire à cet axe.

Outre ces propriétés générales, il existe encore trois procédés de tracé des tangentes, par un point extérieur ou par un point pris sur la courbe ou parallèlement à une droite donnée, qui sont applicables à toutes les coniques.

11° D'un point extérieur A mener les deux tangentes *AV AV'* à la conique de la fig. 65.

A cet effet, tirez les deux sécantes *AB AB'*, formez le quadrilatère *BB'C'C*, joignez le point de concours A' des côtés opposés au point O de rencontre des diagonales; cette dernière droite prolongée coupe la courbe en deux points *V V'* qui sont les deux points de contact cherchés. Cette construction découle naturellement des propriétés projectives signalées par Poncelet.

12° Du point A, situé sur la conique de la fig. 66, mener une tangente à cette conique.

Joignez le point *A* au centre de symétrie *C* de la conique, d'un point quelconque V du prolongement de CA tirez les deux sécantes VB VB', formez le quadrilatère *BDD'B'*, unissez le point *V'* de concours des côtés opposés au point *O* de rencontre des diagonales, et menez enfin AM parallèlement à *V'O*, cette dernière droite *AM* sera la tangente demandée.

Cette construction résulte pareillement des propriétés projectives.

13° Mener à la conique de la fig. 68 les deux tangentes parallèles à la droite donnée *MN*.

Tirez la corde *AB* parallèlement à cette droite, joignez le centre *O* de symétrie de la conique au milieu *C* de la corde par la droite *OC*, dont le prolongement rencontre la courbe en *IT*, puis menez *IT* parallèlement à *MN*, cette droite *IT* et sa parallèle *IT'* seront les deux tangentes demandées. Ce procédé repose comme on voit sur les propriétés des diamètres conjugués.

Propriétés particulières de la parabole.

Planche 10, fig. 71 et planche 11, fig. 72.

14° La bissectrice *DK* de l'angle *PKF* formé par les rayons vecteurs *PK KF* (fig. 72) est tangente à la parabole, et cette tangente avec la tangente OV du sommet et la droite PF se croisent en un point I.

15° La sous-tangente ND (même fig.) est divisée en deux parties égales par le sommet *O* de la courbe.

16° La sous-normale NZ (même fig.) est une quantité constante toujours égale à la distance GF du foyer à la directrice, ou en d'autres termes toujours égale à la 1/2 du paramètre, c'est-à-dire à la 1/2 de la corde perpendiculaire à l'arc passant par le foyer.

17° La parabole peut aussi se décrire sur le terrain avec l'équerre d'arpenteur (la directrice *PG* (fig. 72) et le foyer F étant donnés) ; car il suffit de mener *FG* perpendiculairement sur la directrice PG, puis de mener la perpendiculaire OV sur l'axe, et enfin de tirer une droite quelconque *FP* rencontrant la directrice et sa parallèle OV aux points *P I*, et le point de rencontre K (des deux perpendiculaires *PK IK* passant par les points *P I* et menées ainsi que l'indique la fig. 72) est un point de la parabole. On obtiendrait semblablement autant de points que l'on voudrait.

Lorsque l'on a un goniomètre à sa disposition, le point quelconque *K* s'obtient, non par la rencontre des deux perpendiculaires *PK IK*, mais par la rencontre de la première perpendiculaire PK avec une droite FK partant du foyer, et faisant un angle PFK = angle PFD. Ces deux constructions ne laissent pareillement rien à désirer en théorie ; cependant la dernière satisfait bien mieux aux exigences des constructions graphiques. Il a été rappelé, en effet, dans la première partie, qu'un point (qui se détermine par la rencontre des deux droites) est d'autant mieux déterminé que l'angle formé par ces deux droites approche de 90°.

18° La définition de la parabole (par les propriétés du foyer et de la directrice) qui a été donnée précédemment, et qui consiste à dire que l'on appelle parabole toute courbe dont les différents points sont également distants du foyer et de la directrice, donne lieu à deux autres autres définitions identiques quant au fonds, mais bien différentes par la forme.

Ainsi on peut encore dire que la parabole est une courbe dont le rapport des distances de chacun des points à une droite fixe et à un point fixe, est un rapport constant toujours égal à l'unité.

On peut aussi définir la parabole de cette troisième manière, en énonçant que la parabole est une courbe dont la différence des distances de chacun de ses points à une droite fixe et à un point fixe est une grandeur constante.

Cette dernière définition est même plus générale que la première qui semble n'en être qu'un cas particulier. Avancer, en effet, que la parabole est une courbe dont tous les points sont également distants d'une droite fixe et d'un point fixe, c'est, en d'autres termes, avancer que la parabole est une courbe dont la différence de chacun de ses points à une droite fixe et à un point fixe est toujours zéro.

Du reste, la parabole satisfaisant aux conditions de la troisième définition, remplit aussi les conditions de la première ; car il est bien évident qu'une courbe, dont les distances de chacun des points à une droite fixe et à un point fixe ont toutes une différence constante de 30 mètres par exemple, est pareillement la courbe dont tous les points sont également distants du point fixe et d'une seconde droite fixe distante de la première de 30 mètres. Cette situation relative de deux directrices ne change rien, je le répète, à la contexture de la courbe.

19° La méthode analytique de raccordement par la parabole, objet principal de cet appendice, s'appuie, non-seulement sur un mode nouveau de génération de la parabole que j'ai fait paraître il y a déjà longtemps, mais encore sur un principe qui n'a pas été signalé jusqu'à présent ; voici ce principe :

Soit la parabole ABCDEFG (fig. 71), l'arc ABCD de cette parabole peut être considéré comme ayant été rapporté à la tangente au sommet *YY'* et au diamètre *XX* d'une part, et à tangente Y'Y' et au diamètre X'X' d'autre part.

Eh bien, une loi très-remarquable c'est que, dans ces deux systèmes de rapporter la parabole, à des ordonnées qui sont dans le rapport des grandeurs des tangentes *VM VD* ou *AM KD* répondent toujours des abscisses égales.

Ainsi les abscisses *AK' DI* (qui répondent aux ordonnées *BK' CI* ou *AL AN* dont le rapport $= \frac{AM}{AH}$) sont égales.

Pareillement les abscisses *AK'' DZ'* (qui répondent aux ordonnées *CK'' BZ'* ou *L'A AN'* dont le rapport $= \frac{AM}{AH}$) sont égales.

Enfin, on voit à priori que les abscisses *AH' DH* (qui répondent aux ordonnées *DH' AH* ou *AM AH* dont le rapport $= \frac{AM}{AH}$) sont égales.

On se rend compte de cette importante loi en ayant recours au mode de génération ci-dessus rappelé, et développé dans la dernière solution graphique du vingtième problème de la seconde partie ; ce mode de génération donne, en effet, lieu à des figures semblables desquelles se déduit sans difficulté la propriété objet de cet article.

DES MÉTHODES ANALYTIQUES DE RACCORDEMENT

par le Cercle, la Parabole et la Cycloïde.

Vingt-quatrième problème

Planche 10, fig. 70.

RACCORDEMENTS CIRCULAIRES.

Soient donnés les alignements AB AC (fig. 70), *faisant un angle quelconque de 120° à raccorder par un arc de cercle d'un rayon donné de 800*^{m}.

Il est à remarquer d'abord que c'est dans ces termes que se présente ordinairement la question à résoudre, les alignements droits sont, en effet, toujours donnés ; en outre, l'administration fixant une limite de rayon de courbure, on se trouve dans l'obligation de prendre pour rayon du cercle de raccordement ce rayon limite.

Avant de passer à la recherche d'un point quelconque de l'arc de cercle de raccordement, il faut, au préalable, déterminer les éléments principaux de cette courbe qu'il importe généralement de connaître, quelle que soit la solution à laquelle on ait recours ; ces éléments sont les grandeurs des tangentes *AB AC*, la flèche *DE*, la corde de contact *CB*, la tangente au sommet *FG*, la sécante *AO*, la grandeur de l'arc *CEB*.

1° Le triangle rectangle *OAB*, dont l'angle *OAB* 1/2 de l'angle donné est de 60° et dont le côté *OB* rayon du

cercle est de 800m, est résoluble et l'on a, d'après les principes trigonométriques, tang 30° × 800 = AB = ... 461m 89

2° Dans tout triangle rectangle ayant un angle de 30°, l'hypoténuse est double du plus petit côté, donc AO = ... 923 78

3° AE = AO − OE = 923,78 − 800 =. . 123 78

4° On a la proportion harmonique :

$$\frac{800 + 800 - DE}{DE} = \frac{800 + 923,78}{123,78}$$, d'où DE = 107 20

5° Le triangle rectangle *DBO* ayant un angle de 30°, le plus petit côté DB est 1/2 de l'hypoténuse et l'on a DB = ... 400 »

et par suite CB = ... 800 »

6° Les triangles semblables *ADB AEG* donnent $\frac{123^m78 + 107.20}{400} = \frac{123^m78}{EG}$, d'où EG = 214 35

7° Dans un même cercle le rapport des arcs étant égal au rapport des angles qui les interceptent on a :

$\frac{360}{60}$ ou $6 = \frac{3,1415 \times 1600}{\text{arc CEB}}$, d'où arc CEB =. 837 73

8° Enfin, le triangle rectangle OEG dont deux côtés sont connus, donne la valeur de OG et l'on OG = ... 828 21

et par suite FK = GH = 828,21 − 800 =. . 28 21

d'où $\frac{214,35 \times 800}{828,21}$ = EI = BI' = EI'' = CI''' = 207 05

et $\frac{28,21 \times 800}{828,21}$ = HI = HI' = KI'' = KI''' =. 27 25

Ces calculs préliminaires, qui découlent en quelque sorte de source, ont pour effet de déterminer cinq points principaux qui partagent l'arc de raccordement cherché en quatre parties égales, et de fixer les quatre parties de tangentes *CF FE EG GB* auxquelles se rapportent chacune de ces portions d'arcs.

La raison de cette manière de procéder s'explique en remarquant d'abord que l'on obtient ainsi, pour les perpendiculaires abaissées des différents points des arcs sur les tangentes, des grandeurs plus petites, et ensuite que la détermination de ces grandeurs (que l'on appelle plus communément ordonnées) est bien abrégée, parce qu'il suffit de trouver celles relatives à l'un des 4 arcs, pour lesquels tout est en effet égal de part et d'autre.

Il reste à faire voir comment on trouve un point quelconque de l'arc de raccordement. Cherchons, par exemple, la valeur de l'ordonnée *LM* distante du sommet *E* de 100^m.

On a évidemment :

$$LM = LN - MN = 800 - \sqrt{(800)^2 - (100)^2} = 6^m 28,$$

Et, en portant sur *EI* différentes grandeurs, on obtiendrait semblablement les ordonnées correspondantes.

Telle est la méthode généralement suivie pour déterminer les différents points d'un arc de cercle d'un rayon donné raccordant aussi un angle connu, sur les chemins de fer (1).

EMPLOI DES TABLES DANS LE CALCUL DES ORDONNÉES DES DIFFÉRENTS POINTS D'UN ARC DE CERCLE DE RACCORDEMENT.

Si l'on remarque (fig. 70) que la distance *LE* et la grandeur *LM* relatives au point *M* sont égales à *MM'* et à *M'E* qui sont les sinus et sinus verse de l'arc EM on voit que la détermination de l'ordonnée LM (la distance LE

---

(1) Si le terrain était découvert et qu'il n'y eut que de légers obstacles, on pourrait, après avoir déterminé dans le cabinet les éléments principaux, trouver sur plan les différents points de chacun des arcs *BH HE EK KC*, avec un goniomètre dont l'ouverture mobile a été tournée de telle façon qu'elle fait avec l'ouverture fixe un angle de 127° 30' en promenant avec son pied l'instrument ainsi disposé, de manière a apercevoir toujours par les ouvertures les points *B H*, puis les points *H E*, puis les points *E K*, et enfin les points *K C*. Les différentes positions du pied du goniomètre, dans toutes les stations faites dans de telles conditions sont, en effet, autant de points de la courbe de raccordement qui forment successivement les arcs *BH HE EK KC*.

était connue) revient à chercher le sinus verse correspondant à un sinus donné dans un cercle d'un rayon donné. Mais le rayon donné n'étant pas celui des tables, il résulte de là que les ordonnées ou sinus verse ne peuvent pas être obtenus immédiatement.

Il faut d'abord déduire les sinus des tables des sinus donnés, puis prendre les sinus verses correspondants à ces derniers sinus, et revenir enfin de ces sinus verses à ceux du cercle de raccordement. Toutes ces diverses transformations s'effectuent assez rapidement parce que toutes les lignes trigonométriques d'arcs semblables sont proportionnelles à leurs rayons.

Outre les tables trigonométriques ordinaires, il y a aussi des tables spéciales de raccordements circulaires. M. Prus, ingénieur en chef, en a publié un recueil dans lequel toutes les ordonnées sont calculées de décimètre en décimètre, et où l'on trouve aussi tous les éléments principaux calculés de minute en minute pour toutes les ouvertures d'angles compris depuis 70 jusqu'à 180° ; mais ces ordonnées et éléments principaux sont relatifs à un cercle d'un rayon de 100^{m}.

En sorte qu'il faut aussi, comme dans le cas des tables trigonométriques, passer par diverses transformations pour déduire les résultats vrais des résultats de ses tables. Quoiqu'il en soit, les tables de M. Prus ont un degré d'utilité incontestable, soit que l'on serve pour l'usage auquel elles sont destinées, soit que l'on s'en serve pour vérification.

Vingt-cinquième problème

Planche 12, fig. 75.

SUITE DES RACCORDEMENTS CIRCULAIRES.

Lorsqu'il s'agit de routes ordinaires, les méthodes approximatives sont plus fréquemment employées, et je crois devoir en indiquer une dans ce recueil.

Soit l'angle BSD (fig. 75) *à raccorder par un arc de cercle en supposant connues les longueurs* BS SD *des tangentes, et soit proposé d'obtenir quatre* (1) *points qui partagent, avec les points de tangence* BD, *l'arc de cercle de raccordement en cinq parties égales.*

Avant d'indiquer les constructions à faire pour cet objet, nous supposons le problème résolu par les points *M M' M'' M'''*, et nous faisons observer qu'après avoir abaissé la perpendiculaire IM, prolongé les cordes et abaissé aussi des perpendiculaires sur chacune d'elles, ainsi que l'indique la figure, on forme de cette manière un premier triangle rectangle, et quatre autres triangles rectangles égaux entre eux.

Le premier triangle rectangle *BIM* ayant ses deux côtés égaux à *VM* et *BV* qui sont les sinus et sinus verse de l'angle $\frac{\text{BOD}}{5}$ est constructible ; quant aux quatre autres triangles rectangles égaux, ils le sont pareillement :

Car angle I'MM' = 180 − BMM'

$$= 180 - 2\text{BMO}, \text{ mais } 2\text{BMO} = 180 - \frac{\text{BOD}}{5}$$

et en remplaçant il vient :

$$\text{angle I'MM'} = 180 - 180 + \frac{\text{BOD}}{5} = \frac{\text{BOD}}{5}.$$

Ainsi les quatre triangles rectangles *MI'M' M'I''M'' M''I'''M''' M'''I^{iv} D* sont égaux comme ayant l'hypoténuse égale et chacun un angle aigu égal à $\frac{\text{BOD}}{5}$, et tous les côtés de ces triangles seront connus en résolvant le second triangle MI'M', ou l'un quelconque des trois autres, à l'aide des formules connues, ou plutôt en consultant les tables trigonométriques de Gillet (géomètre à Joinville),

(1) Si, au lieu de quatre points, on en demandait un plus grand nombre, la marche à suivre serait toute semblable.

lesquelles font connaître en quelque sorte immédiatement les côtés cherchés (étant donnés l'angle aigu et l'hypoténuse).

De là cette solution assez simple :

Prenez $BI = \frac{\sin BOD}{5}$ et au point I élevez la perpendiculaire IM = sin verse $\frac{BOD}{5}$, le point M ainsi déterminé est un point de la courbe, si le sinus et le sinus verse ont été calculés pour un cercle du rayon BO ;

Puis tirez BM que vous prolongerez d'une quantité donnée par la résolution du triangle I'MM' (dont l'angle et l'hypoténuse sont connus), et menez à l'extrémité I' la perpendiculaire $I'M'$ dont la grandeur vous est pareillement donnée par la résolution du triangle $I'MM'$; le point M' ainsi obtenu est un nouveau point de la courbe.

Quant aux autres points $M''M'''D$, ils s'obtiennent en construisant des triangles égaux au triangle $MI'M'$;

C'est-à-dire, en prolongeant MM' et en portant I''M' = I'M, puis en élevant la perpendiculaire I''M'' sur laquelle on aurait pris I''M'' = I'M'.

Ce dernier point M'' est encore un nouveau point de la courbe, et les autres points $M'''D$ s'obtiendraient semblablement.

Telle est la méthode de raccordement circulaire employée par quelques praticiens, méthode qui, assurément, laisse à désirer.

Sans doute, si les constructions graphiques pouvaient être bien faites, la dernière perpendiculaire I^{IV} D passerait par le second point de contact D, et les points obtenus $M\,M'\,M''M'''$ seraient bien les quatre points demandés; mais on n'obtient pas du premier coup le point D, quelqu'exercé qu'on puisse être, et ce n'est qu'après avoir tâtonné et fait quelques corrections qu'on y arrive (1).

---

(1) On voit que cette manière d'opérer présente les mêmes inconvénients

La méthode qui vient d'être exposée n'est pas, comme on voit, susceptible d'une application bien rigoureuse, et elle ne peut être présentée que comme méthode de tâtonnement à employer dans des opérations qui n'exigent pas une grande précision, mais plusieurs méthodes du même genre se trouvant rapportées dans divers cours de construction, j'ai pensé qu'il n'était pas inutile d'en donner ici un exemple.

Vingt-sixième problème

Planche 10, fig. 69.

Raccordement parabolique.

Soient donnés (fig. 69) *les alignements* AB AN *faisant un angle quelconque de 120° à raccorder par un arc parabolique dont l'axe est la bissectrice de l'angle donné, et dont le rayon minimum de courbure est de 800m.*

Et d'abord que l'on se rappelle qu'en vertu du principe 9e ci-dessus, le rayon de courbure du sommet de la parabole (qui est le rayon minimum de courbure) est égal à la 1/2 du paramètre ; et conséquemment, qu'imposer la grandeur de 800m pour les rayons minima de courbure des paraboles raccordant les différents angles, c'est exiger que les différents angles soient raccordés par une seule et même parabole dont le paramètre est 1600, ou, en d'autres termes, c'est indiquer que les différents angles doivent être raccordés par une parabole unique dont l'équation est $y^2 = 1600 \times x$.

D'une autre part, il ne doit pas échapper non plus que le problème serait indéterminé si l'on connaissait seule-

---

que ceux qui résultent du rapport d'un plan par la connaissance des angles et des côtés, quelle que soit l'habileté du dessinateur, le polygone, comme on sait, est rarement fermé directement, et ce n'est aussi qu'après quelques corrections et quelques essais qu'on y arrive.

ment l'angle et la parabole de raccordement ; mais que l'indétermination cesse lorsque l'on fixe la position de l'angle par rapport à l'arc, c'est-à-dire lorsque l'angle de l'un des alignements avec l'arc est connu ; et c'est précisément ce qui a lieu dans le problème qu'il s'agit de résoudre, puisque son énoncé porte que la bissectrice de l'angle doit se trouver sur l'arc, ce qui veut dire que, pour cette position particulière, les tangentes sont égales, et que ces tangentes, qui font entre elles un angle de 120°, font chacune avec l'arc un angle de 60°.

Ainsi le problème énoncé que l'on a généralement à résoudre dans ces termes, est bien un problème déterminé, et j'en ai trouvé une solution analytique ayant quelque analogie avec la précédente, en indiquant les moyens d'évaluer les ordonnées abaissées des différents points de la courbe de raccordement, sur chacun des alignements et la tangente au sommet ; mais, avant d'évaluer ces ordonnées, il faut, comme dans, le cas du raccordement par le cercle, chercher au préalable la grandeur des éléments principaux de la courbe de raccordement.

D'après ce qui précède, le rayon de courbure du sommet de la parabole étant de 800 mètres, la 1/2 du paramètre sera également de 800 mètres, ainsi que la sous normale qui lui est égale. En outre, l'angle *KCL*, complémentaire de l'angle *CAL* qui vaut 60°, se trouve être de 30°. Donc, le triangle *CKL* est résoluble ; ce qui fait connaître *KL*, et par suite *AL AK* par la résolution du second triangle *AKL*, et on trouve par cette voie, sans difficulté aucune, les résultats suivants :

1° Demi-corde *KL* =.	461ᵐ	89
2° Tangente au sommet *HB* = . . .	230	945
2° Tangente *AL* = ...	533	36
4° Tangente *AN* = ...	533	36
5° Normale *NC* =.	923	78
6° Projection *AK* de la tangente sur l'axe	266	68

7° La partie extérieure AH 1/2 de cette projection, sera de 133 34

8° Sécante AC = AK + KC = ... 1066 68

9° La flèche HK aussi 1/2 de la projection AK, sera de 133 34

10° Par application de la formule

$$\text{(1) arc} = \frac{y}{p}\sqrt{y^2+\frac{p^2}{4}} + \frac{p}{4} \times \log^{\text{népérien}}\left(\frac{y+\sqrt{y^2+\frac{p^2}{4}}}{\frac{p}{2}}\right)$$

On obtient arc HL = ... 486 56

et pour arc NHL qui est double = ... 973 12

11° Paramètre = ... 1600 »

12° Rayon de courbure du point L (2) ou OL = ... 1231 73

Tels sont les principaux éléments de la courbe de raccordement que l'on a coutume de déterminer, ainsi qu'il vient d'être fait, à l'aide des formules les plus simples, en exceptant celle relative à la rectification de l'arc qui résulte de l'analyse supérieure.

Je passe maintenant au tracé de la courbe en faisant usage, comme il a été insinué plus haut, de plusieurs systèmes de normales, pour la rapporter à sa tangente au sommet et à ses alignements. Il sera question, pour

---

(1) Pour le log. népérien d'un nombre avec les tables de Lalande, il faut se rappeler, que la base e des logarithmes népériens est égale à $1+1+\frac{1}{2}+\frac{1}{2.3}+\frac{1}{2.3.4}+\frac{1}{2.3.4.5}$ etc., que log. e dans le système suivi par Lalande = 0.4342944819, et que log. népérien d'un nombre est égal au log. ordinaire du nombre divisé par 0.4342944819.

(2) En joignant le point F au point L, puis en prenant O'F = FL, et en élevant du point O' la perpendiculaire OO' sur LO'. On reproduit la projection du rayon de courbure, et le rayon de courbure lui-même LO qu'il s'agit d'évaluer numériquement : or, le triangle rectangle O'LO est résoluble, parce que la tangente AL divisant en deux parties égales l'angle des rayons vecteurs FLY', il résulte que le triangle FAL est isocèle, par suite O'L double de FL ou AF est connu ainsi que l'angle O'LO complémentaire de l'angle FLA qui est de 60° ; le triangle O'LO est donc bien un triangle résoluble, et l'on obtient, en effectuant ces calculs simples, OL = 1231m73.

cet objet, d'une méthode de calcul des normales qui s'appuie sur le mode de génération (indiqué dans la deuxième solution du problème 20) par un système de droites parallèles rencontrées par un autre système de droites concourantes en un même point, mode de génération qui offre une solution élégante et prompte de la question que j'ai cherché à traiter avec tous les développements désirables.

D'abord, un grand avantage de cette nouvelle méthode, c'est de n'avoir à faire que des calculs simples qui, en beaucoup de circonstances, s'effectuent de tête, et de rendre, comme dans le cas des raccordements circulaires, les opérations uniformes, soit qu'il s'agisse des perpendiculaires à la tangente au sommet, ou qu'il faille mener des perpendiculaires aux alignements.

Soit donc à déterminer par cette méthode une perpendiculaire quelconque II' relative à la tangente au sommet u''*B et distante de ce sommet H de 4* $\frac{u''H}{5}$.

Si on observe que, pour le tracé de la parabole par le nouveau mode, on peut imaginer que NA ait été divisé en dix parties égales, ainsi que les côtés *NK' AH*, puis que l'on ait mené le diamètre ou l'ordonnée oblique *u'*T aussi distante du point N de 4 $\frac{u''N}{5}$, il s'en suivra, d'après le principe 19 ci-dessus, que les ordonnées *IZ DE* qui sont chacune les 4/5 de *u''H u''N* ou les 2/5 de NK et de AN sont proportionnelles aux lignes NK AN, et ont conséquemment leurs segments correspondants *HZ u'E* égaux.

Donc, l'évaluation de la normale II' est ramenée à l'évaluation de l'ordonnée oblique *u'E*, laquelle est en quelque sorte toute trouvée puisque par construction on a $u'E = \frac{2}{5}\,AX'' = \frac{4}{25}\,AH = \frac{4}{25} \times 133.34 = 21^{m}334$.

On déterminerait, en procédant de cette manière, autant de perpendiculaires à la tangente au sommet que l'on voudrait.

Quant aux perpendiculaires relatives aux alignements $u'N$ BL, leur évaluation est une conséquence de celles concernant la tangente au sommet primitivement trouvée ; l'ordonnée quelconque *OE* est en effet égale au produit de l'ordonnée oblique *u'E* par 0,866 rapport constant de NK à AN en vertu de la similitude des triangles $Ou'E$ AKN.

Or $u'E = 21^m334$, partant l'ordonnée normale OE $= 21,334 \times 0,866 = 18^m47$.

Ainsi, en multipliant les différentes obliques ou plutôt les différentes perpendiculaires à la tangente au sommet par le rapport constant 0,866 on obtient les diverses perpendiculaires des alignements.

Mais, à l'égard de ces dernières perpendiculaires, il y a une remarque qu'il ne faut pas ometre de faire, c'est que chaque perpendiculaire, ou, en d'autres termes, chaque grandeur de normale, doit être accompagnée de la valeur de la projection oblique qu'elle a produite sur l'alignement : c'est-à-dire qu'il ne suffit pas de connaître OE, il faut encore déterminer *Ou'* qui, en raison de la similitude des triangles OEu' ANK, est de même égale au produit de l'oblique Eu' par le rapport constant $\frac{1}{2}$ de AK à AN, de sorte que l'on a semblablement $Ou' = 21,334$

$$\times \frac{1}{2} = 10^m667.$$

Donc, ainsi qu'il a été avancé en tête de cet article, le calcul des ordonnées normales relatives à la tangente au sommet, comme celui des ordonnées relatives aux alignements et accompagnées de leurs projections, est une opération qui s'effectue simplement et rapidement par la nouvelle méthode.

NOTA. — La nature du sujet, et aussi sans doute le

manque d'habitude de rédaction, m'ont fait donner à une même ligne des dénominations différentes ; et c'est ainsi que pour éviter des répétitions, qui auraient été par trop multipliées, j'ai dû nommer les mêmes lignes ordonnées, diamètres, perpendiculaires, normales ; d'autant plus que ces lignes qui sont des obliques par rapport à une tangente sont des perpendiculaires par rapport à une autre, et qu'elles sont considérées dans ces deux positions relatives. Pour éviter toute ambiguïté et toute confusion qui pourraient résulter de ces expressions, il sera bon de lire avec quelque attention ce qui suit et ce qui précède.

En outre, on ne devra pas voir une inconséquence dans ce fait de se servir dans le cabinet d'ordonnées obliques pour déterminer la grandeur des ordonnées normales, ceci est une question de calcul bien différente des opérations graphiques.

Sans doute, sur le terrain ou quand on dessine dans le cabinet, les points de rencontre des droites concourantes sous des angles aigus s'aperçoivent mal, et de tous les angles que l'on peut y tracer c'est l'angle droit que l'on obtient avec le plus d'exactitude ; de telle sorte que pour rapporter les différents points d'un plan on doit toujours, autant que possible, faire usage d'ordonnées normales ; mais, dans le calcul, il n'y a pas à tenir compte d'imperfection d'instruments dont on ne se sert pas, et les résultats numériques que l'on obtient, quelle que soit la position des lignes, sont également exacts. la difficulté ne concerne que les applications qui peuvent être faites de ces résultats, et pour lesquels il importe, soit qu'on dessine, ou que l'on opère sur le terrain, de donner généralement la préférence aux constructions normales.

Vingt-septième problème

Planche 11, fig. 71.

Application de la méthode précédente au raccordement d'un angle droit par une parabole dont le rayon minimum de courbure est de 200, au lieu de 800, et dont l'axe est la bissectrice de l'angle.

D'abord, pour ce cas particulier, les éléments principaux sont (fig. 74), savoir :

Demi corde CH = ...	200^m	»
Tangente BH = ...	282	84
Tangente DM'' = ...	100	»
Flèche CD = ...	100	»
Partie extérieure BD = ...	100	»
Normale HO = ...	282	84
Grandeur de l'arc ADH double de DH évalué comme dans le problème 26 = . . .	459	10
Paramètre = ...	400	»
Pour ce cas particulier, le rayon de courbure du point H = 2HO = ...	565	68

En ce qui concerne le calcul des perpendiculaires qui doivent servir à rapporter l'arc de raccordement à la tangente au sommet et aux alignements, on conçoit que, quelle que soit la méthode employée, il y toujours un certain ordre à observer, et il me paraît utile d'indiquer ici la marche à suivre, surtout au point de vue des applications.

Je suppose que l'on veuille avoir 41 points de la courbe sur le terrain, ou bien 38 non compris les points de contact et le sommet qui sont donnés par les éléments principaux, il reste encore à calculer 38 normales, et comme la courbe est symétrique par rapport à l'axe, il suffira d'en obtenir la 1/2, c'est-à-dire 19.

Pour cet objet, il faut se représenter la courbe tracée comme dans l'exemple précédent, selon le mode de

génération indiqué dans la deuxième solution du problème vingt, et concevoir que l'on ait obtenu (fig. 74) 19 points par la rencontre d'un système de diamètres distants les uns des autres de 10 mètres, avec un système de droites issues du point A qui partagent pareillement BD en 20 parties égales ;

Puis on numérote les diamètres dans l'ordre indiqué par la figure, et on leur applique en outre, à droite et à gauche du diamètre, *10* (aussi désigné par *a*) des caractères qui ne diffèrent que par l'accentuation ;

Enfin on dispose un tableau qui est destiné à l'enregistrement des ordonnées obliques et normales avec leurs projections dont les valeurs s'obtiennent sans difficulté, avantage précieux qui a déjà été remarqué et que je me propose de faire ressortir de nouveau.

Qu'il s'agisse, par exemple, de déterminer les ordonnées M'T, I'N' etc. représentées sur la figure dans leurs prolongements par *a b' c' d'* etc., et soit d'abord la grandeur de la première MT ou *a* à trouver. Puisque le point *T* est obtenu par la rencontre du diamètre M'T (passant par le milieu de AB) avec une droite AT issue du point A qui partage BD en deux parties égales, il est évident que M'T qui est 1/2 de BT sera le 1/4 de BD qui vaut 2BT, c'est-à-dire que l'on a $M'T = \frac{100}{4} = 25^m$.

Mais, pour procéder d'une manière uniforme et conformément aux annotations de la figure, voici ce qu'il faut écrire :

$$M'T \text{ ou } a = \left(\frac{10}{20}\right)^2 100 = \frac{100}{4} = 25^m.$$

De même, si l'on veut évaluer l'oblique S'R' qui est représentée par *e'* sur le diamètre 6, il vient :

$$S'R' \text{ ou } e' = \left(\frac{6}{20}\right)^2 100 = \frac{36}{4} = 9.$$

Pareillement, pour avoir ordonnée *g'* qui est sur le diamètre (4), on a $g' = \left(\frac{4}{20}\right)^2 100 = \frac{16}{4} = 4.$

On obtient semblablement toutes les valeurs des ordonnées obliques a b' c' d' etc. qui sont enregistrées sur le tableau de la fig. (74), c'est-à-dire que ces ordonnées s'obtiennent en prenant le 1/4 des carrés des dix premiers nombres.

Pour avoir maintenant les ordonnées normales $M'T$ IN etc. qui sont représentées sur la figure dans leurs prolongements par a b c d e f, on remarque que, d'après ce qui précède, FN' ordonnée oblique par rapport à AB = IN ordonnée normale par rapport à M'D, ou en d'autres termes que les ordonnées normales a b c d e f etc. (qui sont égales aux ordonnées obliques a b' c' d' e' f' etc. valent aussi successivement chacune le 1/4 des carrés des dix premiers nombres.

Quant aux ordonnées normales a'' b'' c'' etc., elles ont été obtenues en multipliant chacun des 1/4 des carrés des dix premiers nombres par le rapport constant 0,707 de $\frac{AC}{AB}$.

Et, de ce que dans ce cas particulier le rapport $\frac{BC}{AB} = \frac{AC}{AB}$, il en résulte que ces dernières valeurs sont aussi celles des projections des ordonnées obliques (projections représentées sur le tableau a''' b''' c''' d''' etc.). Sans cette circonstance particulière, il eut fallu aussi, pour obtenir les valeurs de ces projections, multiplier chacun des 1/4 des carrés des dix premiers nombres par le rapport constant $\frac{BC}{AB}$, ce qui est, du reste, on ne peut plus simple.

Telle est la marche à suivre dans le calcul des ordonnées et projections pour rapporter les différents points d'un arc parabolique de raccordement à sa tangente au sommet et à ses alignements, suivant la méthode nouvelle que je viens d'exposer, méthode qui, comme toutes celles en usage, exige un peu d'ordre, mais qui donne une solution prompte de la question, les calculs qu'elle

indique étant en effet, d'après ce qui précède, d'une brièveté remarquable et pouvant généralement s'effectuer de tête ainsi qu'il a été déjà avancé.

Vingt-huitième problème

Planche 11. fig. 73.

SUITE DES RACCORDEMENTS PARABOLIQUES, APPLICATION AUX PENTES ET RAMPES.

Le problème précédent relatif au raccordement de deux alignements par un arc parabolique, dont l'axe et le plus petit rayon de courbure sont connus, est un problème que l'on a généralement à résoudre, lorsqu'il s'agit de chemins de fer. Mais, pour tout autre tracé, la considération du rayon de courbure n'est pas toujours une considération première, et il me paraît utile de donner un exemple de raccordement, abstraction faite de cette condition, principalement applicable aux pentes et rampes.

Soient *AQ AL* (fig. 73 (*) les rampe et pente données, à l'aide du niveau qu'il s'agisse de raccorder par un arc parabolique satisfaisant à une profondeur de déblai AO, marquée au point de concours de la pente et de la rampe, c'est-à-dire par un arc parabolique dont l'un des diamètres *AO* et le point de la courbure *O* qui y est situé sont donnés.

Il importe d'abord de faire connaître les éléments principaux de cette courbe : et, à cet effet, soit pris sur le croquis OH = AO et soit menée la ligne *HP* parallèlement à AQ, puis si on a mesuré PC = AP et que l'on ait tiré CH ; *AB AC* seront les grandeurs des tangentes cherchées ; car l'une des propriétés caractéristiques des paraboles tangentes c'est que le diamètre, compris entre le point de concours des tangentes et la corde de con-

(*) Cette figure 73 doit être considérée comme ayant tourné jusqu'à ce que le diamètre AO ait pris une direction verticale.

tact, soit divisé en deux parties égales par la courbe, et c'est ce qui a lieu par la construction précédente.

Mais cette-construction n'est pas toujours commode, surtout avec les nivellements rapportés dans lesquels il est d'usage d'adopter des échelles différentes pour les longueurs et les hauteurs. Et c'est généralement une nécessité de savoir calculer les grandeurs des tangentes avec les seules données de la question, sans avoir recours aux constructions graphiques. On y parvient ainsi qu'il suit : le triangle **HAP** dans lequel le côté **AH** (double de **AO**) est connu, ainsi que l'angle **AHP** et l'angle **HAP** (1), est résoluble ; conséquemment on obtiendra **AP** et par suite la tangente cherchée **AC** qui est double. Quant à la deuxième tangente **AB**, on remarquera que le triangle **HAC** qui a deux côtés **AH AC** connus, ainsi que l'angle **HAC** est devenu résoluble, ce qui fait connaître l'angle **C** et rend résoluble à son tour le troisième triangle **BAC** duquel on tire enfin la grandeur de la seconde tangente **AB**.

Quant au calcul des ordonnées obliques ou plutôt des hauteurs de piquets, il peut parfaitement s'effectuer par la méthode nouvelle. Ainsi les piquets ayant été placés de manière à partager chacune des tangentes en un même nombre de parties égales, on aura :

MI (qui porte le n° 6) $= \left(\frac{6}{10}\right)^2$ AO,

de même M'I' (qui porte le n° 4) $= \left(\frac{4}{10}\right)^2$ AO,

Et ont déterminerait semblablement toutes les autres hauteurs (2).

---

(1) Les Ingénieurs Américains évaluent cet angle ainsi que l'angle **HAB** en prenant avec le niveau sur chacune des pente et rampe les cotes des deux points, et en résolvant deux triangles rectangles ayant pour côtés de l'angle droit la distance horizontale des deux points et la différence de leurs cotes verticales. Les Ingénieurs Français évaluent les pentes à tant de centimètres par mètre, c'est-à-dire par le rapport de la tangente de l'angle à l'horizon avec le rayon des tables ; et ce sont les compléments de ces angles à l'horizon qui donnent les angles ***HAP HAB***.

(2). La courbe étant symétrique par rapport au diamètre, il suffit de calculer les hauteurs qui se trouvent à gauche du diamètre.

Ceci nous fait voir que le raccordement des pentes et rampes, qu'on effectue assez rarement, est une simple opération qui se réduit en quelque sorte à la détermination des longueurs de tangentes qui satisfont à la question.

Nota. — Dans les chemins de fer, il n'y a pas de raccordement proprement dit en plan vertical, parce que les pentes et rentes ne sont pas très sensibles.

Cependant on fait à chaque changement de pente ou de rampe des paliers qui en tiennent en quelque sorte lieu ; mais si l'on trouvait moyen de faire franchir aux locomotives des pentes et rampes plus fortes, on ne pourrait pas se dispenser d'effectuer les raccordements.

On comprend en effet qu'une partie du convoi montant pendant que l'autre descend, il y aurait ce qu'on appelle une poussée de la queue vers la tête qui produirait d'autant plus d'effet que le passage de la pente à la rente serait brusque.

Dans les routes ordinaires, c'est plutôt l'élégance des formes, que des considérations de cette nature, qui détermine le raccordement des alignements en plan vertical, et l'on préfère généralement aux profils brisés les profils continus, parce seul motif qu'ils sont beaucoup plus gracieux.

Parallèle entre le cercle, la parabole et la cycloïde, au point de vue de l'application de ces courbes aux raccordements des alignements.

M. Pras, ingénieur en chef, a publié des tables circulaires et paraboliques de raccordement, en résolvant cette question de raccordement non pas avec la condition première d'un rayon minimum de courbure, comme il a été fait ici, mais avec des longueurs égales de tangentes prises dans les tables circulaires ; ce qui lui a permis d'établir une sorte de parallèle entre le cercle et

la parabole auquel il conclut sous une forme dubitative. il est vrai, que la préférence doit être accordée à la parabole pour le raccordement des angles de 110 à 140°.

Il m'aurait paru plus naturel de faire ce parallèle en comparant les résultats fournis par la résolution de la question dans laquelle le rayon limite de courbure fixé par l'administration se trouverait imposé.

Je n'ai pas l'intention de me livrer à un rapprochement de cette nature, qui exigerait la résolution du problème pour une grande série d'angles et qui augmenterait cette brochure d'une table de raccordement, je me borne à mettre en regard les résultats que j'ai trouvés, en traitant la question du raccordement d'un même angle dans les deux cas avec la condition d'un rayon minimum de courbure, puis avec les longueurs des tangentes, et en l'appliquant non seulement aux raccordements circulaires et paraboliques, mais aussi aux raccordements par des arcs de cycloïde.

DESIGNATION des ELEMENTS.	Raccordement d'un angle de 120°					
	par les courbes tracées d'un rayon minimum de courbure 800m			par les mêmes courbes ayant des longueurs de tangentes égales.		
	Cercle.	Parabole.	Cycloïde.	Cercle.	Parabole.	Cycloïde.
Longueur des tangentes.	[illegible] 80	[illegible]	510m 26	[illegible] 80	[illegible]	461m 81
Flèches	107 20	153 [illegible]	115 47	107 20	115 [illegible]	104 5
Demi-cordes	400 »	461 89	444 83	400 »	400 »	400 »
Arcs	837 73	973 12	923 78	837 73	842 22	836 37
Rayons minima de courb^e	800 »	800 »	800 »	800 »	692 80	724 36
Rayons maxima de courb^e	800 »	1231 [illegible]	923 78	800 »	1066 72	836 37

Il résulte de ce tableau que c'est le raccordement par la cycloïde qui donne la longueur d'alignements la plus courte : cela se voit à priori dans la dernière solution à longueurs de tangentes égales, et on s'en rend compte dans la première solution en prenant pour point de départ des alignements des points de tangence les plus re-

culés du sommet obtenus par l'emploi de la parabole, dans lequel cas les longueurs se composent (à l'exception du raccordement parabolique) de parties droites et courbes.

Toutefois, il n'y a pas lieu à déduire une règle générale de cet exemple particulier et à conclure que le raccordement par la cycloïde donne toujours la grandeur d'alignements la plus courte, seulement il est à remarquer qu'il arrive assez souvent que l'on obtient, pour grandeurs des éléments de la cycloïde, des grandeurs intermédiaires entres celles relatives au cercle et à la parabole, ainsi qu'il est indiqué dans le tableau ci-dessus. J'ajouterai, en outre, que la cycloïde appartient aussi à une famille de courbes semblables, que de plus les éléments de cette courbe (y compris grandeurs des rayons de courbure, rectification des arcs, aires des segments) s'obtiennent à l'aide de principes fort simples et par les seules notions de la géométrie élémentaire ; et que conséquemment rien ne s'oppose à ce que l'on étende aux raccordements des alignements les usages de cette courbe dont on ne se sert jusqu'à présent que dans les engrenages pour la transformation de certains mouvements.

Nota. — Je crois devoir terminer cet appendice par les deux solutions qui suivent lesquelles ne se rapportant pas directement au raccordement des alignements, mais aux questions de contact qui intéressent aussi bon nombre de géomètres ; j'ai pensé, dis-je, qu'il ne serait pas inutile d'en dire ici quelques mots, d'autant plus que je ne prévois pas quand il me sera possible de publier ces questions à la suite d'articles ayant plus de rapprochement.

La définition de la parabole qui a été donnée dans cet appendice, qui consiste à considérer la parabole comme le lieu de tous les points, dont les différences des distances de chacun d'eux à un point fixe et à une droite fixe sont toutes égales, fournit des solutions élégantes et simples du problème d'un cercle tangent à deux

droites données et à un cercle donné, et de celui relatif au cercle longeant à une doite donnée et à deux cercles donnés.

Vingt-neuvième problème

Planche 11. fig. 87.

Construire le cercle tangent aux deux droites données AD AB, et au cercle du rayon OR que l'une d'elle AD coupe.

D'abord le cercle cherché étant tangent aux deux droites *AD AB*, son centre se trouve sur la bissectrice AC de l'angle *DAB* formé par les deux droites données; et. d'une autre part, le cercle demandé étant tangent au cercle du rayon OR, son centre se trouve aussi sur le prolongement de l'un des rayons du cercles donné. Conséquemment, le centre cherché se trouve à la rencontre de ce prolongement du rayon avec la bissectrice AC; c'est-à-dire, en d'autres termes, qu'il s'agit de trouver sur la bissectrice AC un point *C* tel que CO-CR = OR rayon donné.

Or, le lieu de tous les points dont la différence des distances de chacun d'eux au point fixe O et à la directrice *AB* est égale à la quantité constante OR, est une parabole ayant son foyer en *O* et, dont la directrice au lieu d'être AB est A'B' qui en est distante de la quantité constante OR ; et cette parabole coupant la bissectrice aux points C C', on conclut que les points *C C'* sont les centres de deux cercles tangents satisfaisant à la question.

Cette parabole coupe pareillement la bissectrice AC'' de l'angle supplémentaire en deux points C''C''' qui sont de même les centres de deux autres cercles tangents satisfaisant aux conditions demandées.

Si le cercle donné du rayon OR coupait à la fois les

deux droites données *AD AB*, en construisant une deuxième parabole ayant même foyer *O*, mais pour directrice la droite D'D" distante de AD d'une grandeur égale à *OR*, on obtiendrait, par l'intersection de cette seconde parabole avec le prolongement de la bissectrice de l'angle supplémentaire, deux autres points qui seraient encore les centres de deux cercles tangents satisfaisant aux conditions demandées ; c'est-à-dire que, dans ce cas, le problème aurait six solutions ; et il est à remarquer que la deuxième parabole qui coupe la bissectrice de l'angle supplémentaire en des points différents de ceux de la première, ne coupe cependant la première bissectrice qu'aux mêmes points.

On sait que, quand il s'agit d'un cercle tangent à trois droites données, il y a quatre solutions. On vient de voir que, pour le cercle tangent à un cercle et à deux droites données, il peut y avoir jusqu'à six solutions, et pour le cercle tangent à trois cercles donnés, M. Poncelet et plusieurs autres géomètres ont fait remarquer que le problème pouvait recevoir huit solutions.

Mais, quant au problème objet de cet article, il n'y a, je le répète, que deux, quatre ou six solutions, suivant que le cercle donné est dans l'angle, que l'une des droites est sécante du cercle donné, ou que les deux droites données sont deux sécantes du cercle donné.

Trentième problème

Mener un cercle tangent à deux cercles donnés et à une droite donnée.

Le lieu des centres de tous les cercles tangents à la droite donnée et au premier cercle donné est en effet une parabole, ayant pour foyer le centre du premier cer-

cle donné et pour directrice une droite distante de la droite donnée du rayon du premier cercle.

De même, le lieu des centres de tous les cercles tangents à la droite donnée et au deuxième cercle donné est une parabole ayant pour foyer le centre du deuxième cercle donné et pour directrice une droite distante de la droite donnée du rayon du second cercle.

Et il est facile de voir que les points de rencontre des deux paraboles ainsi construites, ne sont autres que les centres des cercles cherchés. En outre, comme il y a généralement quatre points de rencontre, on conclut qu'il peut y avoir jusqu'à quatre solutions.

DIGRESSION.

Quelques questions peu connues que l'on peut avoir à résoudre graphiquement sur le terrain.

Planche 6. figures 46 et 48.

1° La distance AB (fig. 46) *est inaccessible, mais elle est visible de l'autre côté où se trouve le point C et où l'angle ACB a été mesuré avec un goniomètre, et il s'agit, avec le même instrument ou tout autre, de déterminer les angles A et B du triangle ABC.*

On fixe l'ouverture du goniomètre de manière que les ouvertures fixes et mobiles forment entre elles l'angle connu ACB, et on promène le pied de l'instrument en un point D tel qu'on aperçoive encore par les ouvertures les points *A B;* en d'autres termes on stationne en un point D qui est situé sur le cercle passant par les points *A B C.*

De ce point D, on mesure l'angle ADC lequel est supplément de l'angle cherché ABC, parce que dans tout quadrilatère inscrit les angles opposés sont supplémentaires ; quant à l'angle BAC sa mesure est une conséquence des angles connus ACB et ABC du triangle ABC.

2° Trois points A B C (fig. 48), *étant situés sur un terrain uni et découvert, y retrouver le point M, d'où les distances AB et BC ont été vues sous des angles α et β qu'on a déterminés.*

On décrira sur AB avec le goniomètre un segment

capable de l'angle α, et sur BC un segment capable de l'angle B, et le point cherché M sera l'intersection des deux segments.

Cette intersection est d'autant plus facile à découvrir que les points des segments circulaires voisins de cette intersection sont rapprochés ; c'est-à-dire que, près de cette intersection, les stations de goniomètre qui procurent les différents points des segments circulaires ne devront pas être éloignées l'une de l'autre.

Il existe une solution analytique de ce problème tout à la fois élégante et simple, elle est due à Delambre, et on la trouve insérée dans le *Traité de Géodésie* de Puissant. ainsi que dans les *Leçons pratiques de Géométrie et de Trigonométrie* par Serret et Bourgeois, tous ouvrages mis en vente à la librairie Bachelier, quai des Augustins, 55.

Inscription des polygones réguliers et division du cercle en parties égales.

Une ligne droite peut être divisée en un nombre quelconque de parties égales et ces sortes de division se font sans difficulté aucune ; il n'en est pas de même lorsqu'il s'agit du cercle. Toutefois, on voit à priori que la division d'une ligne droite quelconque en parties égales entraînerait celle du cercle, s'il était possible de trouver une étoffe telle qu'étant déroulée et enroulée sur le cercle, cette étoffe ne changeât pas de longueur. Il suffirait, dans ce cas, d'enrouler une telle étoffe sur un cylindre droit qui aurait pour base le cercle à diviser ; ce cercle se trouverait par le développement transformé en une ligne droite qui, étant divisée et enroulée sur le cylindre, diviserait à son tour en parties égales le cercle donné. Tels seraient les moyens simples de division à employer pour le cercle s'il existait des étoffes inaltérables, mais toutes les étoffes, même celles qui sont métal-

liques, se modifient soit par un changement de température, soit par la pluie, soit par le plus ou moins de tension, et on ne peut pas y avoir recours, surtout quand il s'agit d'instruments ou de machines pour lesquelles il faut obtenir toute la rigueur et toute la précision possible.

La méthode de division des cercles qui vient d'être exposée, quoique simple et assez naturelle, n'est donc qu'une méthode approximative susceptible tout au plus d'être employée par quelques constructeurs, dans des travaux pour lesquels une certaine tolérance n'entraîne dans aucune conséquence fâcheuse.

Quoiqu'il en soit, la question de la division du cercle n'a pas fait de progrès, et le petit nombre de procédés graphiques indiqués dans les éléments n'est même pas à l'abri de toute critique ; car si ces quelques procédés ne laissent rien à désirer sous le rapport théorique, il n'en est pas de même au point de vue des applications. Plusieurs d'entre eux sont rejetés par les dessinateurs, et il y en a même qui sont remplacés par des méthodes approximatives dont l'application se trouve plus exacte ; c'est-à-dire que, quand il s'agit de constructions graphiques, on ne doit jamais perdre de vue, ainsi que je l'ai insinué en plus d'un endroit, l'imperfection de nos sens, celle des instruments et aussi l'épaisseur du crayon, et que ce n'est pas du tout avancer un paradoxe que de dire qu'il y a quelquefois avantage à préférer une méthode approchée à une méthode s'appuyant sur des principes de la dernière rigueur, mais dont l'emploi est moins facile et entraîne dans de plus grandes erreurs.

Je me propose, dans ce qui suit, de faire ressortir les méthodes les plus propres à l'inscription des polygones réguliers et à la division des cercles en parties égales. Je me suis livré à cet effet à quelques recherches et j'aurais voulu tout à la fois faire un choix des meilleures méthodes et en augmenter le nombre qui est, ai-je déjà dit, très restreint ; mais mes efforts sous ce dernier

rapport n'ont pas abouti, et en fait de procédé nouveau il ne m'a été donné que de trouver une courbe trisectrice qui, comme celle de Nicomède, jouit de la propriété de diviser les arcs en trois parties égales. Je n'avancerai pas que cette courbe nouvelle soit supérieure de tous points à l'ancienne, je crois cependant que l'on doit lui accorder la priorité, parce qu'à égalité du rayon du cercle générateur, elle offre des dimensions plus grandes qui permettent d'opérer la trisection avec un peu plus de précision. Cette opinion est du reste celle de M. Terquem, ancien bibliothécaire du Musée d'artillerie, qui, en me remerciant de la communication que je lui ai faite, m'a fait savoir qu'un élève de l'Ecole polytechnique a de même fait paraître, dans les nouvelles annales de mathématiques, des courbes qui opérent la trisection, la quintrisection et même la division suivant un rapport donné, et le savant bibliothécaire après avoir développé son opinion ajoute que ces courbes nouvelles lui paraissent peu susceptibles d'application, parce qu'elles exigent un travail laborieux, et qu'elles se tracent moins facilement que le conchoïde objet de mes recherches, de telle sorte que la question de la division du cercle n'a pas encore fait, ainsi que je l'ai avancé plus haut, de progrès proprement dits. Peut-être les principes qui vont être rappelés et les quelques détails qui seront donnés en parcourant, contribueront-ils à faire sortir cette question de l'état de stagnation dans lequel elle est restée jusqu'à ce jour.

PRINCIPES DIVERS

Premier principe.

Planche 12, figure 76.

Soit BC (fig. 76) le côté d'un polygone régulier inscrit et AC le côté d'un autre polygone régulier inscrit com-

posé d'un nombre double de côtés ; tirez le diamètre AD et joignez le point C au point D, vous aurez dans le rectangle AOC, en vertu d'une propriété très connue :

$$(1)\ \alpha^2 = \frac{\beta^2}{4} + AO^2$$

(en représentant BC par β, AC par α et le rayon par R).

D'autre part le triangle rectangle ACD fournit aussi

$$AO \times 2R = \alpha^2 \text{ ou } AO^2 = \frac{\alpha^4}{4R^2},$$

Et en remplaçant l'équation (1), devient :

$$\alpha^2 = \frac{\beta^2}{4} + \frac{\alpha^4}{4R^2} \text{ ou } 4R^2\,\alpha^2 - \alpha^4 = R^2\,\beta^2$$

Enfin dans la supposition du rayon = 1 cette dernière formule devient :

$$\alpha^4 - 4\alpha^2 = -\beta^2.$$

Deuxième principe.

Planche 12, figure 82.

Trouver la relation qui existe entre un côté d'un polygone régulier inscrit et un côté d'un autre polygone régulier inscrit dans le même cercle et composé d'un nombre triple de côtés.

Soit *IP* le côté d'un polygone régulier et soient *IM MN PN* (fig. 82) trois côtés consécutifs d'un autre polygone régulier inscrit dans le même cercle et composé d'un nombre triple de côtés.

D'abord, il résulte des données que le quadrilatère IMNP est un trapèze dont les côtés non parallèles sont égaux et dont les diagonales PM IN sont pareillement égales, d'où il suit qu'en vertu de cette propriété que, dans tout quadrilatère inscrit le produit des diagonales est égal à la somme des produits des côtés opposés, on a·

$$y^2 = \alpha\beta + \alpha^2$$

y représentant PM diagonale du trapèze

β représentant IP

α représentant IM

On a aussi $y^2 = 4\alpha^2 - \alpha^4$ en vertu de la troisième formule du premier principe et en supposant le rayon égal à l'unité.

Donc $\alpha\beta + \alpha^2 = 4\alpha^2 - \alpha^4$ ou $\beta = 3\alpha - \alpha^3$ ou $\alpha^3 - 3\alpha = -\beta$. Telle est, dans la supposition du rayon=1, la relation qui existe entre un côté d'un polygone régulier inscrit et un côté d'un autre polygone régulier inscrit dans le même cercle et composé d'un nombre triple de côtés.

Comme on voit, cette solution n'entraîne dans une aucune difficulté de calcul, lorsque α est connu et qu'il reste à déterminer β ; mais si au contraire β est connu et que l'on veuille avoir α, ainsi qu'on se le propose dans le problème de la trisectrice des angles, on a alors une équation du troisième degré à résoudre, seulement cette équation est toute préparée.

Troisième principe.

Planche 12, fig. 77, 78, 79, 80 et 81.

Division d'une droite en moyenne extrême raison.

Si le point O divise AB (fig. 79) en moyenne extrême raison et que l'on représente AO par x, on aura, d'après la définition des divisions en moyenne extrême raison,

(1) $$\text{AB} : x :: x : \text{AB} - x$$

d'où $$x = -\frac{\text{AB}}{2} + \frac{\sqrt{5\text{AB}^2}}{2}\ (*).$$

(*) Si le point O était extérieur on aurait :

$$\text{AB} : x :: x : \text{AB} + x,\ \text{d'où}\ x = \frac{\text{AB}2}{2} + \frac{\sqrt{5\text{AB}^2}}{2}.$$

Cette valeur de x répond au cas où la droite AB est divisée en segments soustractifs, dans lequel cas, c'est le plus petit segment qui est moyen proportionnel.

Cette valeur de x est constructible graphiquement de plusieurs manières.

1re Solution. — Il s'agit (fig. 80) de diviser A'B' (égal à AB de la fig. 79) en moyenne extrême raison. Pour cet objet, prolongez le diamètre A'H d'une grandeur HP égale au rayon, puis des points A'P comme centres, avec des rayons égaux vous décrivez deux portions de cercle se coupant et ayant la corde commune OO', enfin du point D de rencontre de cette corde commune avec A'H, considéré comme centre, vous décrivez l'arc MEC, et le segment MB' ainsi obtenu sera le plus grand segment qui divise A'B' ou AB en moyenne extrême raison ; car par construction on a :

$$MB' = MD - B'D = CD - \frac{A'B'}{2}; \tag{2}$$

or le triangle rectangle CB'D donne :

$$CD = \sqrt{CB'^2 + B'D^2} = \frac{\sqrt{5A'B'^2}}{2},$$

et par suite l'équation (2) devient :

$$MB' = -\frac{A'B'}{2} + \frac{\sqrt{5A'B'^2}}{2} \quad \text{C. Q. F. D.}$$

2e Solution. — Comme dans la figure qui précède, soient tirés (fig. 77) les deux diamètres perpendiculaires l'un sur l'autre *NM CA'*, du point C avec le rayon CB' = AB (de la figure 79) décrivez un arc de cercle qui coupe celui primitivement décrit en D, et de ce dernier point D avec un rayon égal à A'M décrivez un nouvel arc de cercle qui coupe A'B' en H, le segment B'H ainsi obtenu sera le plus grand segment qui divise A'B' ou AB en moyenne extrême raison.

Pour la démonstration il faut se reporter à la fig. (78) dans laquelle on a mené DF parallèlement au diamètre NM, et dans laquelle on a mené les droites *DC DB' DH MA'*.

Par construction on a pareillement :

$$HB' = HF - FB' = HF - \frac{A'B'}{2} \qquad (1)$$

Et on a de même en vertu des propriétés des triangles rectangles précédemment citées :

$$HF = \sqrt{HD^2 - FD^2} \qquad (2)$$

Mais, en vertu de ces mêmes propriétés, on a aussi : HD^2, ou par construction son égal,

$$A'M^2 = 2A'B'^2,$$

et

$$FD^2 = B'D^2 - B'F^2 = A'B'^2 - \frac{A'B'^2}{4} = \frac{3A'B'^2}{4}.$$

Donc, en remplaçant, l'équation (2) devient :

$$HF = \sqrt{2A'B'^2 - \frac{3A'B'^2}{4}} = \frac{\sqrt{5A'B'^2}}{2}$$

et par suite l'équation (1) prend cette forme :

$$HB' = \frac{\sqrt{5A'B'^2} - A'B'}{2} \quad \text{C. Q. F. D.}$$

3e Solution. — Soit A'B' (fig. 81) à diviser en moyenne extrême raison.

Elevez la perpendiculaire B'K à l'extrémité B' de la droite A'B', prenez DB' = à la 1/2 de A'B' et du point D comme centre avec le rayon DB' décrivez un cercle, puis menez la sécante A'HDE et du point A' comme centre décrivrez le nouvel arc HM, vous obtenez ainsi le plus grand segment A'M (1) qui partage A'B' en moyenne extrême raison ; car, en vertu des propriétés des sécantes, et tangentes on a :

A'E : A'B' : : A'B' : A'H ou A'M : MB' : : A'B' : A'M,
C. Q. F. D.

---

(1) Pour le cas où la droite A'B' est divisée en segments soustractifs c'est-à-dire le cas où le point M est extérieur, ce n'est pas le grand segment qui satisfait à la question, mais bien le plus petit, et il s'obtient en prenant A'E' = A'E, on a en effet A'E' : A'B' :: A'B' : A'M

$$\text{ou } E'B' : E'A' :: E'A' : A'B' \text{ d'où } E'A' = \frac{A'B}{2} + \frac{\sqrt{5A'B'^2}}{2}.$$

comme il est dit d'autre part.

Cette dernière solution, dont le cercle a un rayon 1/2 plus petit, satisfait moins bien que les deux premières aux exigences des constructions graphiques, et si je l'ai insérée, c'est parce qu'on la rencontre presque dans tous les éléments.

Quatrième principe.

Planche 13, fig. 83, 84 et 85, et planche 14, fig. 86.

Division d'un arc en trois parties égales.

Le deuxième principe ci-dessus, qui permet de trouver le côté d'un polygone régulier composé d'un nombre triple de côtés de celui qui est donné, est une solution numérique du problème; car, par le fait de l'inscription dans le même cercle d'un polygone régulier composé d'un nombre triple de côtés, ce cercle se trouve divisé aussi en un nombre triple de parties égales, puisque les cordes égales sous-tendent toujours des arcs égaux; mais il s'agit dans cet article de faire connaître diverses solutions graphiques de la question.

1re Solution. — Soit par exemple proposé de diviser l'arc AO (fig. 84) en trois parties égales.

Menez le diamètre quelconque AI, et entre ce diamètre prolongé et le cercle placez une droite BD égale rayon et dont le prolongement passera par l'extrémité O de l'arc donné, l'arc BI ainsi obtenu est le 1/3 de l'arc donné AO.

Car on a :

angle extérieur ACO = COB + BDC.

Mais angle BDC = angle BCD (le triangle BCD étant isocèle) par la même raison angle COB = an le extérieur OBC = 2BCD.

Donc, en remplacant, ACO = 3BCD.

On verra ci-après que cette méthode de trisection, que

l'on donne dans la plupart des cours suivis par les ouvriers, n'est autre que l'application par tâtonnement du procédé auquel la conchoïde de Nicomède donne lieu.

2me Solution. — Soit encore proposé de diviser l'arc AD en trois parties égales;

Faites mouvoir le point I (fig. 86) sur le cercle, jusqu'à ce que vous arriviez à obtenir pour prolongement de CI jusqu'au côté BO, une grandeur IO = BI; quand le point I du cercle satisfait à cette condition, on conclut en effet que l'arc DI est bien le 1/3 de l'arc AD.

Car, par cette disposition, les triangles CBI, IBO sont isocéles, et il en résulte que l'angle extérieur CIB, ou son égal CBI, vaut deux fois l'angle IBD, où en d'autres termes ID est la 1/2 de l'arc AI, et partant ID = le 1/3 de l'arc AD.

Cette deuxième solution n'est aussi que l'application par tâtonnement du procédé de trisection fourni non pas par la conchoïde de Nicomède, mais par une conchoïde nouvelle dont j'ai donné la description ci-dessous.

3me Solution par la concloïde de Nicomède.

La trisectrice ancienne, que l'on voit fig. 83, a été obtenue à l'aide de cordes issues du même point *B*, sur lesquelles on a porté tant en dedans qu'en dehors sur leur prolongement des grandeurs égales au rayon C O.

Soit proposé maintenant de diviser avec cette courbe l'arc A B en trois parties égales.

Je tire le rayon *A C* que je prolonge jusqu'à sa rencontre avec la trisectrice, puis je joins le point D au point B et l'arc N O compris entre ces deux droites sera le 1/3 de l'arc M N égal à l'arc donné A B.

Et, en effet, en joignant les points *CO* par une droite, on forme deux triangles *CBO COD* qui sont isocèles. Or, l'angle extérieur M C O, ou l'arc (1) MN + NO = 2 COB; mais l'angle extérieur COB égale à son tour 2 CDO, ou 2 OCN et, en remplaçant, l'égalité (1) devient :

MN + NO = 4 NO ou MN = 3 ON. C. Q. F. D.

Cette démonstration est la même pour tous les cas d'angles à diviser jusques et compris 135°, même pour les arcs plus grands, et, bien que les constructions graphiques soient les mêmes, la démonstration n'est pas tout à fait identique. Toutefois cette démonstration importe peu, car, dans la pratique, on opère jamais la trisection des grands angles directement, il est préférable d'obtenir cette trisection en retranchant du 1/3 de 180° le 1/3 de l'angle supplémentaire.

Enfin, en comparant la portion de cercle ABON (dont l'une des cordes et le diamètre ont été prolongés) avec la fig. 84, on voit qu'il y a identité dans les constructions graphiques, et que, ainsi qu'il a été avancée, la première solution qui a été donnée n'est autre que l'application par tâtonnement du procédé auquel donne lieu la conchoïde de Nicomède.

4ᵉ Solution par une conchoïde nouvelle représentée fig. 85.

Cette courbe trisectrice qui a un double nœud a aussi son mode particulier de génération, elle a été obtenue ainsi qu'il suit :

Si du point A on mène le rayon AD et que l'on porte sur son prolongement tant en dehors qu'en dedans les grandeurs *DC DC'* égales à la corde à BD ; si toujours du même centre A on continue à mener divers rayons et à porter sur leurs prolongements tant en dehors qu'en dedans une grandeur égale à la corde correspondante, on formera ainsi la courbe à double nœud de la fig. 85, qui opère comme la conchoïde ancienne la trisection des angles (1).

---

(1) Les rayons compris dans l'angle BAI qui est de 60° fournissent les deux parties *BE'A BFH* qui ont leur courbure dans le même sens ; les rayons compris dans l'angle supplémentaire IAM, procurent les deux autres parties *BVC'A HCK* ayant leur courbure en sens inverse. Quant aux quatre parties restantes, qui sont symétriques des premières, elles proviennent des rayons du demi cercle. BNM, ou aurait pu aussi les obtenir en abaissant des perpendiculaires sur l'axe BK.

Qu'il s'agisse par exemple de diviser l'angle ABC, en trois parties égales : Joignez le point de remontre C de l'un des côtés avec la trisectrice au centre A, puis tirez BD ; vous obtenez ainsi l'angle DBC qui est le 1/3 de l'angle donné ABC ; car par la nature de la courbe et sa loi de formation, le prolongement *DC* = corde BD ; donc le triangle BDC est isoicle de même que le triangle BAD;

Or, l'angle extérieur ADB = la somme des angles intérieurs DBC, BCD = 2 DBC ; donc ABD égal à ADB est aussi égal à 2 DBC, et par conséquent angle DBC est bien le 1|3 de l'angle donné ABC, ainsi qu'il a été avancé.

Comme pour la premiére conchoïde la démonstration reste la même pour tous les cas d'angles à diviser jusques et compris l'angle de 135°, on pourrait aussi l'étendre avec quelques légères modifications à des angles plus grands il est préférable d'opérer la trisection sur les angles supplémentaires.

En comparant aussi cette solution avec la deuxième, il ne doit pas échapper qu'il y a en quelque sorte identité et qu'il n'y a de différence que ce que les constructions de la seconde n'ont été obtenues qu'après quelques tâtonnement.

D'après ce qui vient d'être dit, on voit que les conchoïdes ancienne et nouvelle sont très propres à opérer la trisection des arcs, la partie compliquée de ces courbes, celle qui renferme les nœuds et double nœud ne jouant en effet aucun rôle dans cette opération ; et assurément si les parties usuelles de ces courbes étaient tracées sur la corne comme les rapporteurs on obtiendrait en quelque sorte à vue l'angle divisé.

Maintenant on peut se demander à laquelle des deux courbes accorder la préférence. Certains esprits frondeurs pourront peut-être m'accuser de quelque partialité en cette circonstance, cependant je crois devoir répondre à cette question et dire qu'il ne me paraît pas qu'il y ait de différence très-sensible, que néanmoins

s'il y a une pririorité à accorder ce doit être à la conchoïde nouvelle qui, à égalité de rayon du cercle générateur, procure une courbe trisectrice plus grande et conséquemment des divisions plus exactes.

Cinquième principe.

Le côté de l'exagone régulier inscrit est égal au rayon du cercle circonscrit.

Sixième principe.

La corde perpendiculaire au rayon, en son point milieu, est le côté du triangle équilatéral.

Septième principe.

Le côté du décagone régulier n'est autre que le plus grand segment du rayon divisé en moyenne extrême raison c'est-à-dire que la valeur de ce côté s'obtient par la proportion suivante (en représentant le côté du décagone par D et en supposant le rayon = 1) :

$$1 : D : : D : 1 - D \text{ ou } D = -\frac{1}{2} + \sqrt{\frac{5}{2}}.$$

Huitième principe.

En appliquant la formule du principe (1) qui donne la valeur de la corde sous-tendant l'arc double, il vient, en représentant par P le côté du pentagone :

$$P = \sqrt{\frac{5 - \sqrt{5}}{2}}.$$

Corollaire. — Et il est à remarquer que cette valeur du côté du pentagone obtenue par celle du décagone, n'est autre que celle de l'hypoténuse d'un triangle rec-

tangle dont les deux côtés de l'angle droit seraient le rayon et le côté du décagone,

L'un des côtés de l'angle droit étant 1 et l'autre côté $\frac{-1+\sqrt{5}}{2}$ comme dans l'exemple ci-dessus on trouve, en effet, d'après les propriétés des triangles rectangles, que l'hypoténuse égale $\sqrt{\frac{5-\sqrt{5}}{2}}$, valeur du pentagone précédemment trouvée.

Neuvième principe.

Si de l'arc sous-tendu par l'hexagone on retranche l'arc sous-tendu par le décagone, on obtient un arc dont la corde n'est autre que le côté du pentédécagone.

Trente-et-unième problème

Planche 14, fig. 88.

Inscrire un triangle équilatéral dans un cercle.

Menez d'abord le diamètre AA' prolongé de A'D égal au rayon, en portant CD égal à AA', puis des points *AD* comme centres avec des rayons égaux vous décrivez des arcs de cercle ayant pour corde commune VV', cette corde commune fournit la corde *BO* perpendiculaire sur le rayon CA', en son point milieu I, corde qui, d'après le principe 6, d'autre part est le côté du triangle équilatéral ;

Enfin, en joignant les points *BO* au point A, on complète le triangle équilatéral ABO.

Trente-deuxième problème

Planche 15, fig. 89.

Inscrire un carré dans un cercle.

Menez le diamètre AA', puis des points AA' comme centre avec des rayons égaux, vous décrivez des arcs de cercle ayant pour corde commune VV', cette droite VV' rencontre le cercle aux points DD' qui, avec les extrémités du premier diamètre, forment les quatre sommets du carré ADA'D'.

Trente-troisième problème

Planche 15, figure 90.

Inscrire un pentagone régulier dans un cercle.

Tirez les deux diamètres AA', DD' perpendiculaires l'un sur l'autre de la manière indiquée par la figure 90, puis du point D' comme centre avec un rayon égal à celui du cercle donné, vous décrivez un arc de cercle qui coupe le cercle donné en un point O, de ce point O considéré à son tour comme centre avec un rayon égal à A'D vous décrivez un nouvel arc de cercle qui coupe le rayon CD en I et la distance IA' ainsi obtenue est, d'après le principe 8 ci-dessus, égale au côté du pentagone.

Maintenant, si à droite et à gauche de D' vous portez les cordes *D'E D'H* = IA', si vous portez pareillement sur le cercle les cordes *EN MH*, = IA', la suite des points D'ENMH ne sont autres que les différents sommets du pentagone régulier demandé. Il y a une vérification, NM doit être parallèle à AA'.

Trente-quatrième problème

Planche 15, figure 91.

Inscrire un hexagone régulier dans un cercle.

En vertu du principe 5, il suffit de porter consécuti-

vement six fois la corde OP égale au rayon donné AC, mais on satisfait mieux aux exigences des constructions graphiques en procédant ainsi qu'il suit :

Tirez le diamètre AA' prolongé à droite d'une grandeur A'R' égale au rayon en portant CR' = AA', et prolongé pareillement à gauche d'une grandeur AR égale au rayon en portant CR = AA' ;

Puis, des points *AR'* comme centres avec des rayons égaux, décrivez des arcs de cercle ayant pour corde commune SS', laquelle coupe le cercle donné aux points MP ; de même, des points *A'R* comme centres avec des rayons égaux, décrivez des arcs de cercle ayant pour corde commune VV', laquelle coupe aussi le cercle donné en deux autres points N O, et la suite des points A N M A' P O ainsi obtenus, ne sont autres que les différents sommets de l'hexagone demandé. Il y a une vérification, les côtés opposés doivent être parallèles.

Trente-cinquième problème

Planche 15, figure 93.

Inscrire un octogone régulier dans un cercle.

Menez deux diamètres *DD' AA'* perpendiculaires l'un sur l'autre selon le procédé indiqué par la figure ;

Puis, formez le carré circonscrit en menant des parallèles aux deux diamètres ;

Enfin, tracez les diagonales du carré circonscrit qui coupent le cercle donné en quatre points *IEBV*, lesquels avec les extrémités *ADA'D'* des diamètres primitivement construits, ne sont autres que les différents sommets de l'octogone demandé. Il y a une vérification, les diagonales du quadrilatère circonscrit doivent passer par le centre du cercle donné.

Trente-sixième problème

Planche 15, figure 92.

Inscrire un décagone régulier dans un cercle.

Menez d'abord deux diamètres *AA' DD'* perpendiculaires l'un sur l'autre, et inscrivez le pentagone régulier D'IMNL selon le procédé indiqué problème 33.

Puis, des quatre sommets *IMNL* abaissez des perpendiculaires sur les côtés opposés du pentagone ainsi qu'il est indiqué par la figure, ces perpendiculaires rencontrent le cercle donné en des points *P E O H* qui, avec les sommets du pentagone et l'extrémité D de l'un des diamètres primitivement menés, ne sont autres que les différents sommets du décagone demandé.

Il y a une vérification, c'est que toutes les perpendiculaires abaissées des sommets du pentagone sur les côtés opposés se croisent au centre du cercle donné.

On peut inscrire le décagone régulier en portant successivement sur le cercle dix fois une corde égale au plus grand segment qui divise le rayon en moyenne extrême raison, mais cette manière de procéder satisfait moins bien que la précédente aux exigences des constructions graphiques.

Trente-septième problème

Planche 15, figure 94.

Inscription du dodécagone régulier.

Menez d'abord deux diamètres AA', DD' perpendiculaires l'un sur l'autre selon le procédé indiqué par la figure 94 ; puis, divisez l'arc A'D' en trois parties égales en décrivant des points A'D' comme centres, (avec des rayons égaux à celui du cercle donné), deux arcs de cercle qui coupent l'arc donné aux points *B E* ; enfin, divi-

sez pareillement les autres quarts de cercle, et les différents points de division ainsi obtenus seront les divers sommets du dodécagone demandé.

Cette solution s'appuie sur la trisection des arcs, et cette trisection qui n'a pas généralement de solution graphique directe, en a une très-simple pour le cas particulier d'un arc de 90°, pour lequel il suffit de retrancher tour à tour 60° de 90° à partir de chacune des extrémités de l'arc, c'est-à-dire, de porter en sens inverse une corde égale au rayon à partir des deux extrémités de l'arc de 90°.

On peut aussi tracer le dodécagone régulier en inscrivant d'abord un hexagone, puis en abaissant du centre des perpendiculaires sur chacun des côtés; chacune de ces perpendiculaires prolongées partage l'arc soustendu par le côté correspondant en deux parties égales, et les points de division des arcs, avec les différents sommets de l'hexagone primitivement construit ne sont autres que les sommets du dodécagone demandé. Mais cette manière de procéder, qui n'est pas plus exacte que la première, est en outre beaucoup plus longue.

Trente-huitième problème

Planche 15, figure 95.

Inscrire un pentédécagone régulier dans un cercle.

Menez d'abord deux diamètres *AA' DD'* perpendiculaires l'un sur l'autre et tracez le pentagone D'HPNM par le procédé indiqué problème 31 ; puis prenez une ouverture de compas qui mesure la corde sous-tendant l'arc VO, différence des arcs sous-tendus par le côté de l'hexagone et le côté du décagone qui est égal à *cs* (d'après la deuxième solution du troisième principe), et portez cette ouverture, qui, en vertu du principe 9, n'est autre que le côté du pentédécagone, sur l'arc soustendu par le côté D'H du pentagone de D' en B et de H

en E; enfin, portez semblablement cette ouverture sur les arcs sous-tendus par les autres côtés du pentagone, les points de division ainsi obtenus, avec les différents sommets du pentagone, ne seront autres que les sommets du pentédécagone demandé.

Cette solution est une conséquence de ce principe que la différence des arcs de 60 et 36° est précisément 24°, grandeur de l'arc sous-tendu par le côté du pentédécagone ; ces arcs D'O D'V de 60° et 36° étant en effet sous-tendus par des cordes que l'on sait tracer, il en résulte que la corde VO ou le côté D'B du pentédécagone peut toujours être déterminé graphiquement, et par suite le pentédécagone lui-même, en portant les ouvertures de compas par la méthode ci-dessus indiquée.

On pourrait encore obtenir le pentédécagone en portant successivement sur le cercle l'ouverture dont il est ici question ; mais, quelque bon dessinateur que l'on puisse être, on courrait risque de ne pas se retrouver au point de départ et il est préférable d'inscrire le pentagone, puis d'opérer la trisection des arcs sous-tendus par les côtés de ce pentagone, trisection qui se fait très-bien par les moyens dont il a été parlé en premier lieu.

Trente-neuvième problème

Inscrire un polygone régulier de 24 côtés.

Pour inscrire un polygone régulier de 24 côtés, on peut d'abord inscrire le dodécagone régulier et diviser en deux parties égales chaque arc sous-tendu, ou bien inscrire un octogone régulier en opérant la trisection de chaque arc sous-tendu, trisection qui se fait vite en portant, à droite et à gauche de chaque arc sous-tendu, l'arc sous-tendu par le côté du dodécagone.

Ces deux méthodes d'inscription sont également exactes, mais la dernière est plus expéditive.

Quarantième problème

Inscrire un polygone régulier de 30 côtés.

De même que dans le problème précédent, pour inscrire le polygone régulier de 30 côtés, on pourrait inscrire le pentédécagone régulier et diviser en deux parties égales chaque arc sous-tendu, mais il est plus simple de commencer par inscrire le décagone régulier et de porter ensuite à droite et à gauche de chaque arc l'arc sous-tendu par le côté du pentédécagone ; cette construction donne, en effet, des arcs partiels de 12°, mesure de l'arc sous-tendu par le côté du polygone régulier de 30 côtés.

Quarante-et-unième problème

Inscrire un polygone régulier de 60 côtés.

Pareillement pour inscrire un polygone régulier de 60 côtés on pourrait d'abord inscrire un polygone régulier de 30 côtés et diviser en deux parties égales chaque arc sous-tendu ; mais il vaut mieux inscrire un polygone de 20 côtés, puis porter à droite et à gauche de chaque arc, l'arc sous-tendu par un côté du polygone régulier de 30 côtés, car on obtient ainsi des arcs partiels de 6°, mesure de l'arc sous-tendu par un côté du polygone régulier de 60 côtés.

Quarante-deuxième problème

Inscrire un polygone régulier de 120 côtés.

Enfin, si l'on avait un polygone de 120 côtés à inscrire, on pourrait encore inscrire le polygone de 60 côtés et diviser en deux parties égales chaque arc sous-tendu, ou procéder en inscrivant un polygone de 40 côtés et

en portant à droite et à gauche de chaque arc l'arc sous-tendu par le côté du polygone de 60 côtés.

Nota. — L'une des principales raisons qui font maintenir la division sexagésimale du cercle c'est que 360 a beaucoup de diviseurs, il en a 24 tant simples que composés ; 360 est, en effet, égal à $2^3 \times 3^2 \times 5^1$. Or, la méthode qui fait connaître le nombre des facteurs tant simples que composés, consiste à faire le produit des exposants augmentés d'une unité, c'est-à-dire à multiplier $3+1$ par $2+1$, puis ce dernier produit par $1+1$, et en effectuant le calcul on trouve bien 24, chiffre ci-dessus énoncé.

Maintenant, on peut se proposer d'inscrire dans le cercle les polygones réguliers dont les nombres de côtés correspondent aux différents diviseurs de 360, polygones qui sont au nombre de 22 au lieu de 24 (parce qu'il n'y a pas de polygones de 1 ou de 2 côtés) et dont l'énumération se trouve dans le tableau ci-dessous :

Polygones réguliers dont l'inscription est connue.	Arcs interceptés par les côtés des polygones	Polygones réguliers dont l'inscription est à connaître.	Arcs interceptés par les côtés de ces derniers polygones.
Quadrilatère	90°	Fig. de 9 côtés	40°
Octogone.........	45°	» 18 »	20°
Triangle..........	120°	» 36 »	10°
Hexagone	60°	» 72 »	5°
Dodécagone	30°	» 45 »	8°
Figure de 24 côtés	15°	» 90 »	4°
Pentagone........	72°	» 180 »	2°
Décagone	36°	» 360 »	1°
Figure de 20 côtés	18°		
Figure de 40 côtés	9°		
Pentédécagone ...	24°		
Figure de 30 côtés	12°		
Figure de 60 côtés	6°		
Figure de 120 côtés	3°		

Comme on voit, la plupart des polygones dont les nombres des côtés répondent aux diviseurs de 360 sont inscriptibles, et une particularité qui ne doit pas échapper, c'est que les côtés des polygones dont il reste à connaître l'inscription sous-tendent des arcs qui sont le 1/3 des arcs sous-tendus par les côtés de polygones qui sont inscriptibles. Du reste, l'inscription de 9 et de 45 côtés entraîne celle de tous les polygones de la troisième colonne, et je me bornerai à indiquer les moyens pratiques d'inscription de ces deux derniers polygones.

Quarante-troisième problème

Planche 15, figure 96.

Inscrire un polygone régulier de 9 côtés.

On inscrit en premier lieu le triangle équilatéral par le procédé ci-dessus indiqué, et il ne reste plus qu'à opérer la trisection de l'arc de 120, opération on ne peut plus simple pour quelques cas particuliers et surtout pour l'arc de 90° qui sert à l'inscription du dodécagone, mais qui exige pour les cas généraux l'emploi de l'une des deux conchoïdes du quatrième principe.

Or, il a été fait observer que chacune de ces courbes était très-propre à résoudre la question d'autant plus que l'on peut toujours se dispenser de se servir de la partie à nœud et compliquée de ces courbes en mettant l'arc sous la forme de 180° — son supplément, de telle sorte qu'il ne se présente ici aucune difficulté sérieuse.

C'est à la conchoïde nouvelle que j'ai eu recours pour opérer la trisection de l'arc supplémentaire de 60° en procédant de la manière indiquée dans le principe 4 (*) ;

(*) Dans la conchoïde de Nicomède, l'arc réduit se compte sur le cercle qui a servi à engendrer la conchoïde, et sur lequel d'ailleurs est placé l'arc à diviser, mais dans la nouvelle trisectrice où le sommet de l'angle à diviser est placé non au centre de cercle qui sert à la génération de la conchoïde, mais à l'extrémité de l'un de ses diamètres, l'angle à diviser ou plutôt l'arc qui lui sert de mesure, ainsi que l'arc réduit se comptent sur le cer-

et c'est ainsi que j'ai obtenu un arc réduit dont la différence avec $\frac{180}{3}$ ou 60° est bien le 1/3 demandé de l'arc de 120°.

Puis j'ai terminé ainsi qu'il suit :

Des points AB comme centres avec des rayons égaux à la corde sous-tendant l'arc de 40°, j'ai décrit deux arcs de cercle qui rencontrent le cercle donné aux points *DE* ; des points *BC* comme centres et avec des rayons égaux aux précédents, j'ai décrit pareillement deux arcs de cercle qui coupent le cercle primitif aux points *FG* ; enfin, j'ai opéré semblablement sur le dernier arc *AC* ;

Et les différents points de division ADEBFGCHI ainsi obtenus sont bien les différents sommets du polygone demandé, puisque par construction le cercle circonscrit est divisé en 9 arcs de 40° chacun.

Quarante-quatrième problème

Inscrire un polygone régulier de 45 côtés.

La solution de ce problème est une conséquence de celle du précédent ;

Car, après avoir inscrit le pentédécagone et opéré la trisection de l'arc de 120° comme dans le dernier problème ci-dessus, la trisection de l'arc sous-tendu par le côté du pentédécagone (ou la division du cercle en 45 parties égales) se fait en retranchant cet arc sous-tendu par le côté du pentédécagone, de l'arc de 40° sous-tendu par le côté du polygone régulier composé de 9 côtés, puis en portant la corde sous-tendant l'arc de

---

cle égal au cercle primitif décrit du point B comme centre ; le second cercle dont on se sert dans la conchoïde nouvelle n'est pas une complication proprement dite, et alors même qu'il y aurait complication elle serait largement compensée par les avantages qu'offre la nouvelle courbe dont les dimensions sont plus grandes et qui, en définitive, opère la trisection avec plus d'exactitude.

16° ainsi obtenu à droite et à gauche de chaque arc sous-tendu par les côtés du pentédécagone.

Il n'y a pas que les polygones dont les nombres des côtés répondent aux diviseurs de 360, ainsi que leurs multiples suivant une puissance de 2, qui soient inscriptibles ; M. Gauss de Leipsick, dans un ouvrage qui a paru en 1801, prouve que l'on peut aussi inscrire le polygone régulier de 17 côtés, et, en général, celui de $2^n + 1$ côtés pourvu que $2^n + 1$ soit un nombre premier ; toutefois, les procédés de M. Gauss sont plus théoriques que pratiques ; et bien que M. Ampère ait trouvé du même problème une solution graphique intéressante, cette solution, comme celle de M. Gauss, est plutôt destinée aux ouvrages de mathématiques pures qu'à ceux qui traitent des applications.

Mais si je n'ai pas inséré dans ce recueil, tous les procédés graphiques d'inscription des poygones réguliers qui sont d'une extrême rigueur sous le point de vue théorique, je me suis bien gardé d'un autre côté d'accueillir ces méthodes d'à peu près, tout au plus approximatives pour des cercles d'un certain rayon.

En définitive, j'ai préféré me renfermer ici dans le petit nombre de procédés graphiques généralement indiqués dans les éléments, et entrer dans quelques détails sur les applications à en faire, plutôt que de chercher à en augmenter le nombre en ayant recours à des méthodes plus ou moins empiriques qui ont le grave inconvénient de détourner l'esprit de l'étude des choses exactes.

FIN DU VOLUME.

ERRATA.

Pages	Lignes	au lieu de :	lisez :
43	28	d'où il sait	d'où il suit
65	5	égalament	également
76	1	était connue	étant connue
80	3, 4 et 7	arc	axe
86	19	MT	M'T
»	28	$\left(\frac{10}{20}\right)$	$\left(\frac{10}{20}\right)^2$
»	31	$\left(\frac{6}{20}\right)$	$\left(\frac{6}{20}\right)^2$
90	32 et 33		
93	14	cercles	cercle

TABLE DES MATIÈRES

PREMIÈRE PARTIE.

DEUXIÈME PARTIE.

TROISIÈME PARTIE

Appendice aux deux premières parties.

DES MÉTHODES ANALYTIQUES DE RACCORDEMENT PAR LE CERCLE, LA PARABOLE ET LA CYCLOÏDE.

Pages.

QUATRIÈME PARTIE

Digression.

PRINCIPES DIVERS.

Problèmes.

PLANCHES.

INDICATION DES FIGURES QU'ELLES CONTIENNENT.

Planches	1	Figures	1	à	13
»	2	»	14	à	23
»	3	»	24	à	31
»	4	»	32	à	38
»	5	»	39	à	44
»	6	»	45	à	50
»	7	»	51	à	55
»	8	»	56	à	60
»	9	»	61	à	68
»	10	»	69	à	71
»	11	»	72	à	74
»	12	»	75	à	82
«	13	»	83	à	85
»	14	»	86	à	88
»	15	»	89	à	96

Noyon. — Typ. D. Andrieux.

PLANCHE I.

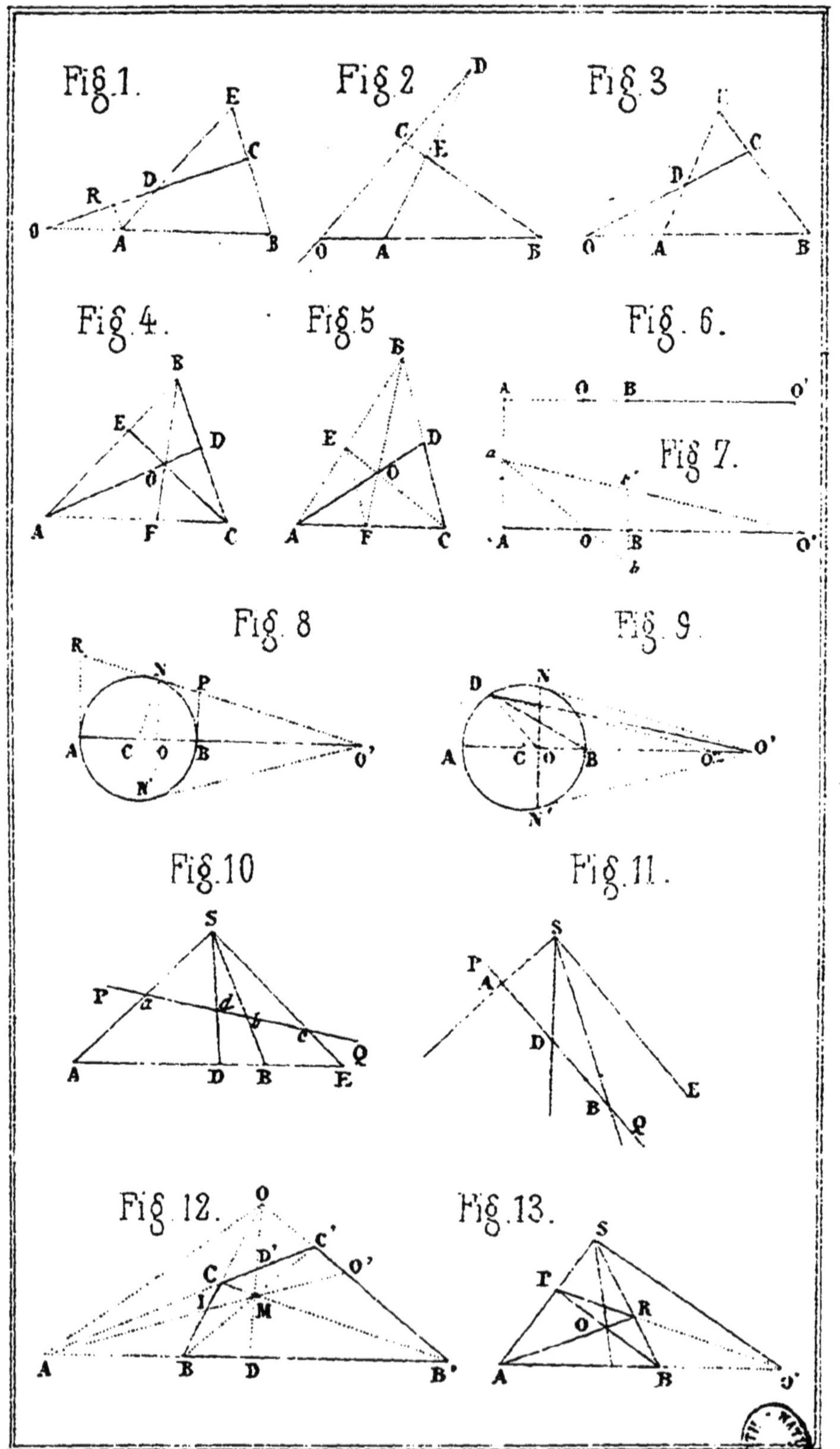

A Broise et Courtier Paris.

PLANCHE 2.

Fig. 14
Fig. 15.
Fig. 16.
Fig. 17
Fig. 18.
Fig. 19.
Fig. 20.
Fig. 21
Fig. 22.
Fig. 23.
A Broise et Courtier. Paris. (80)

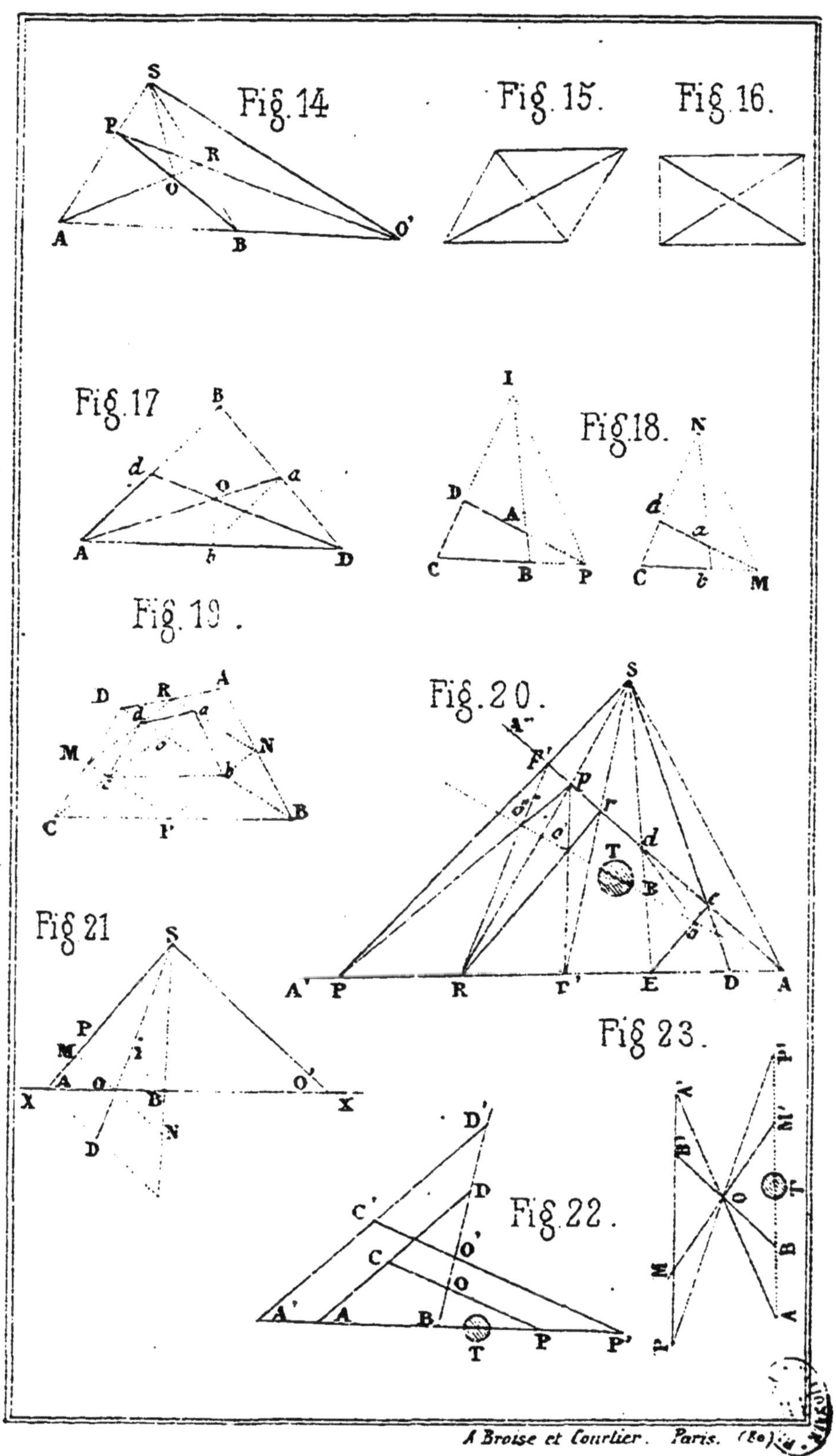

PLANCHE 3.

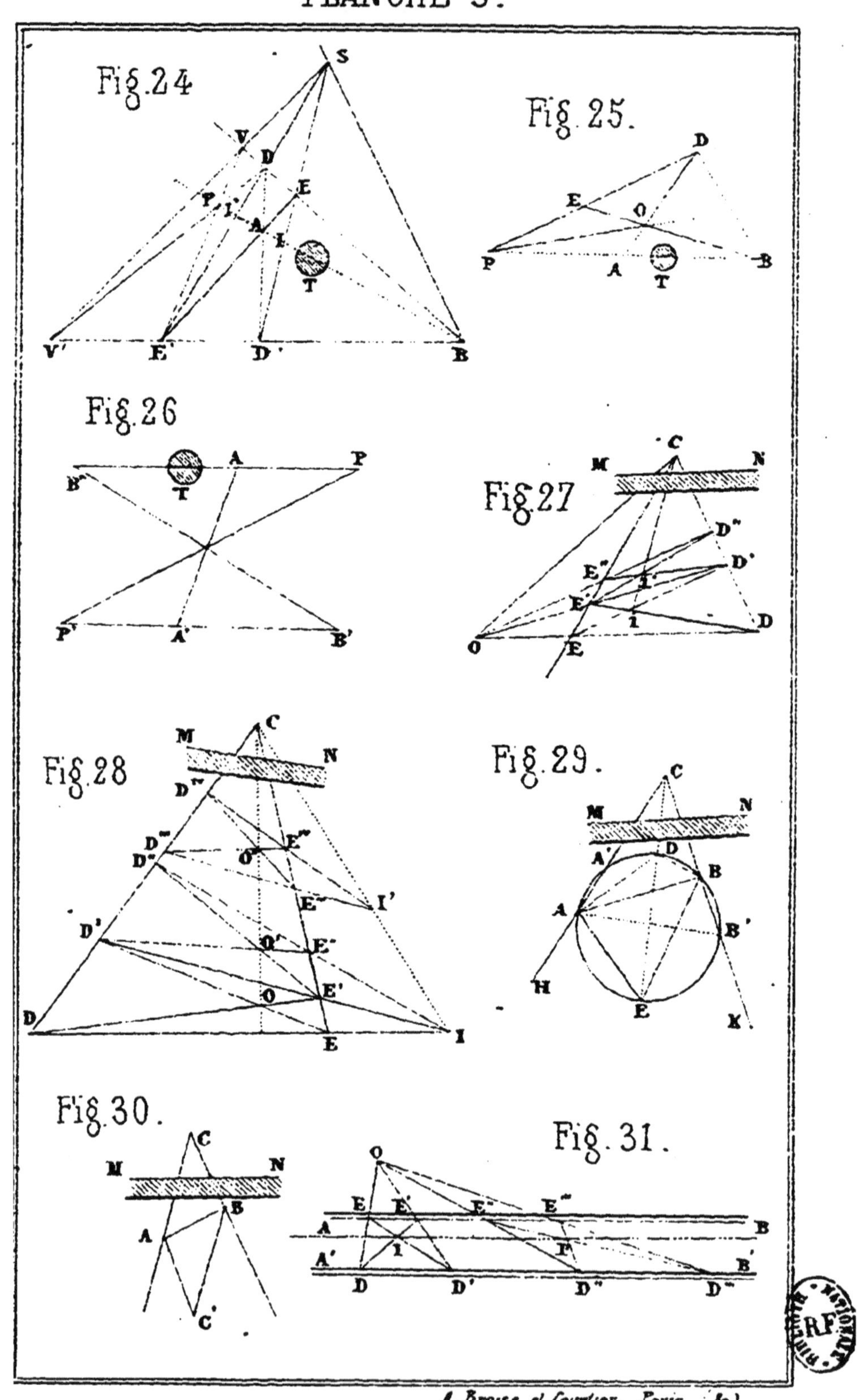

A. Broise et Courtier. Paris

PLANCHE 4.

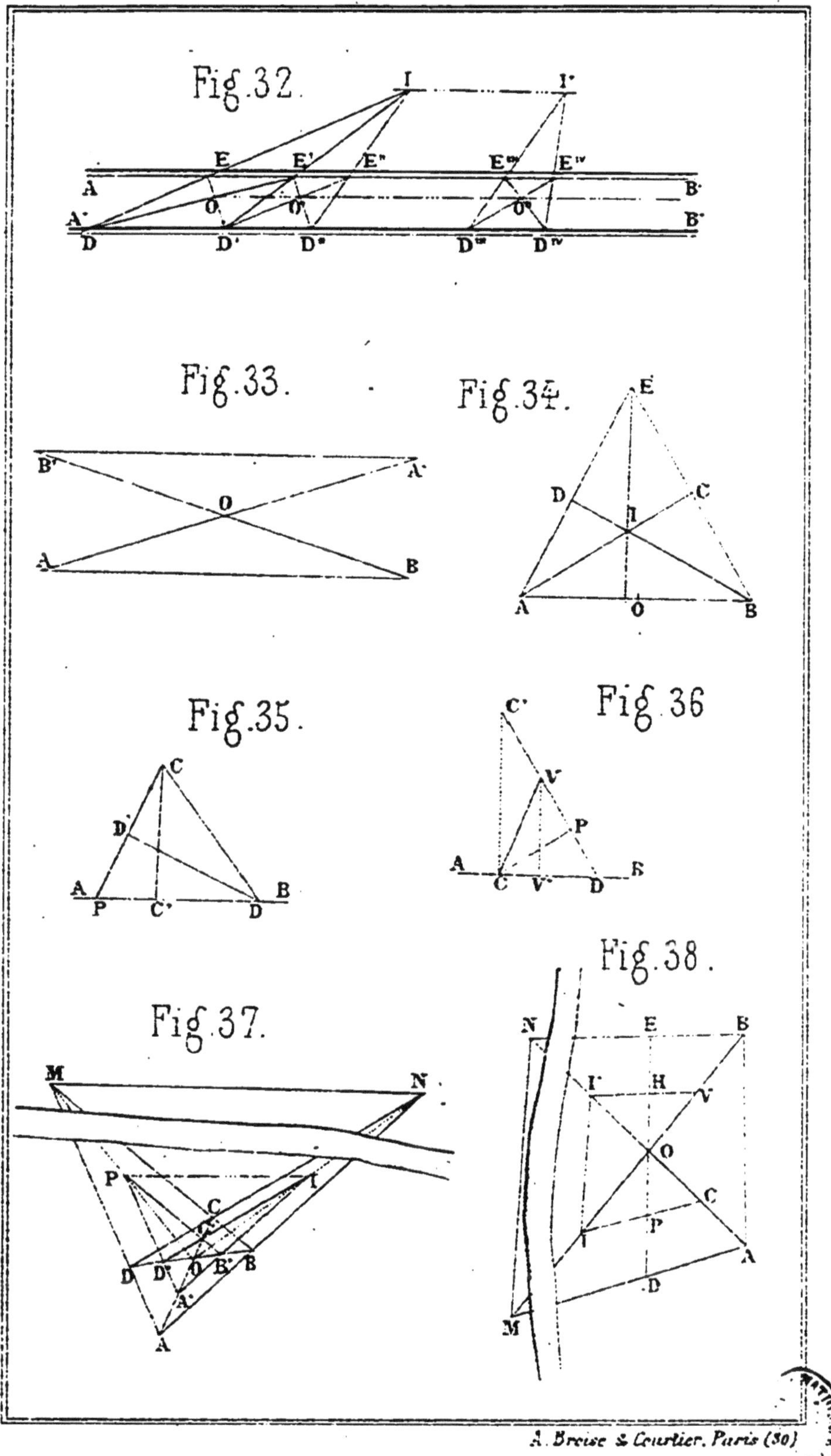

A. Broise & Courtier. Paris (30)

PLANCHE 5

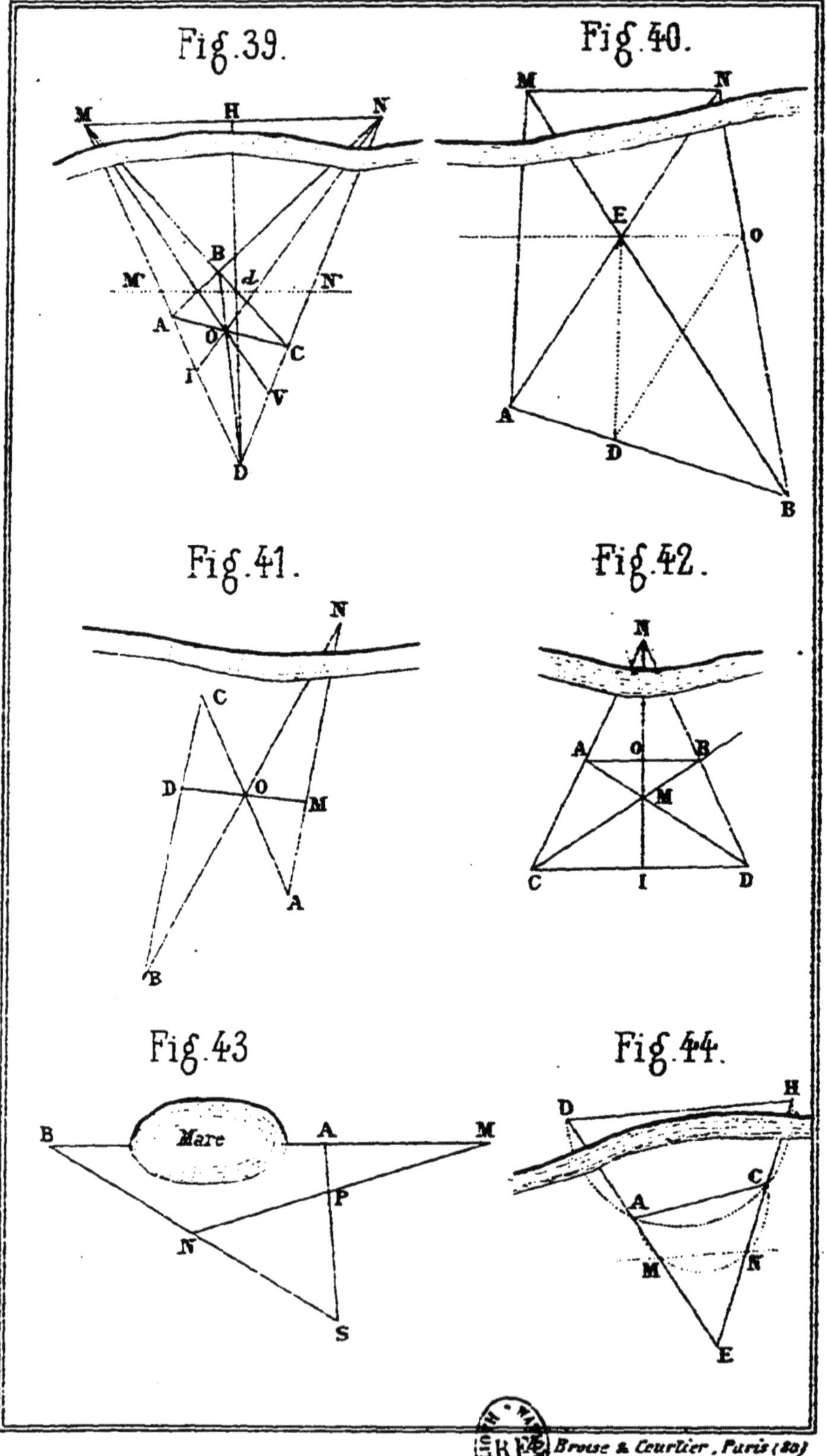

Broise & Courtier, Paris (20)

PLANCHE 6.

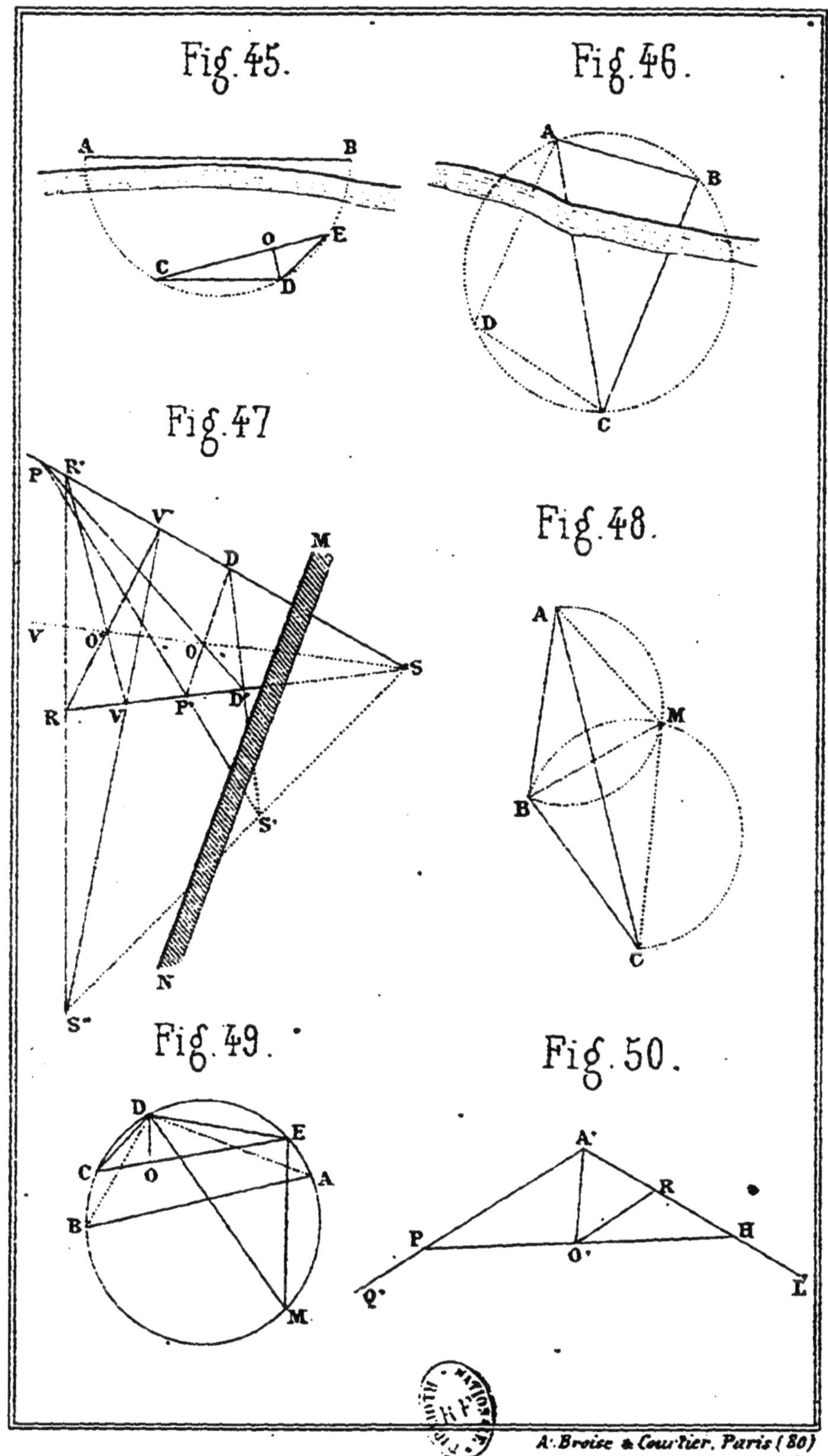

A. Broise & Courtier. Paris (80)

PLANCHE 7

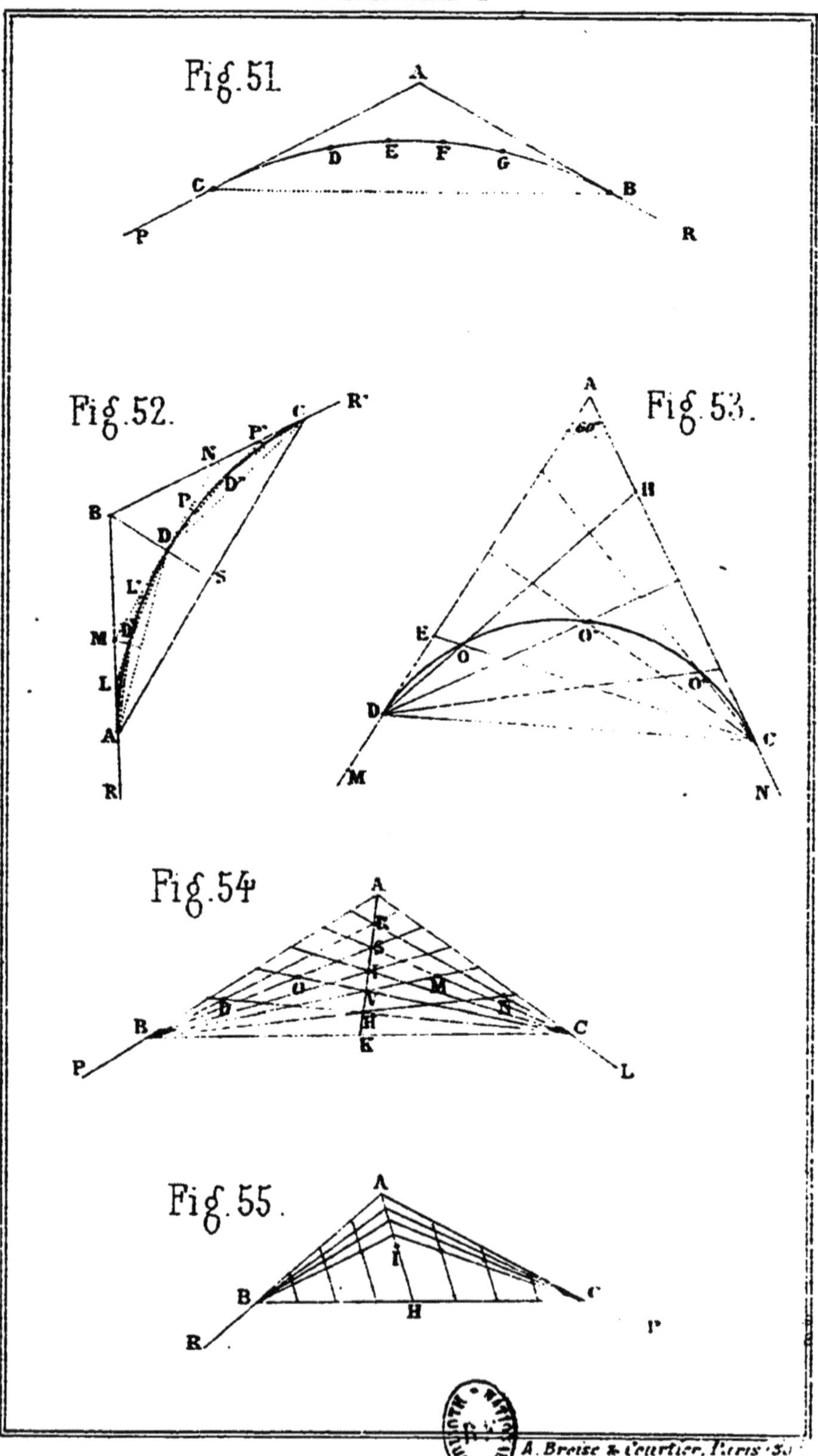

PLANCHE 8.

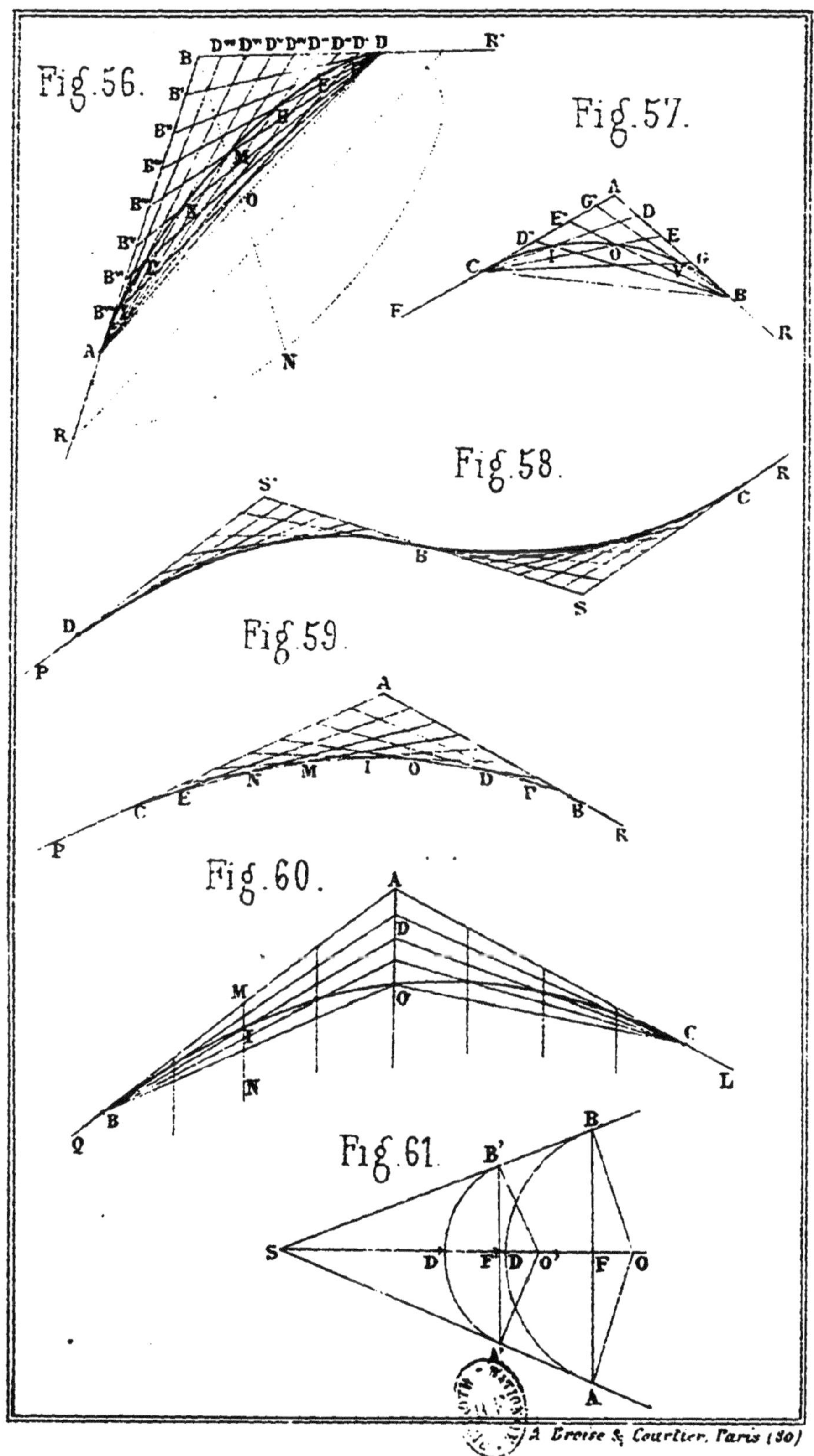

A. Broise & Courtier, Paris (30)

PLANCHE 9.

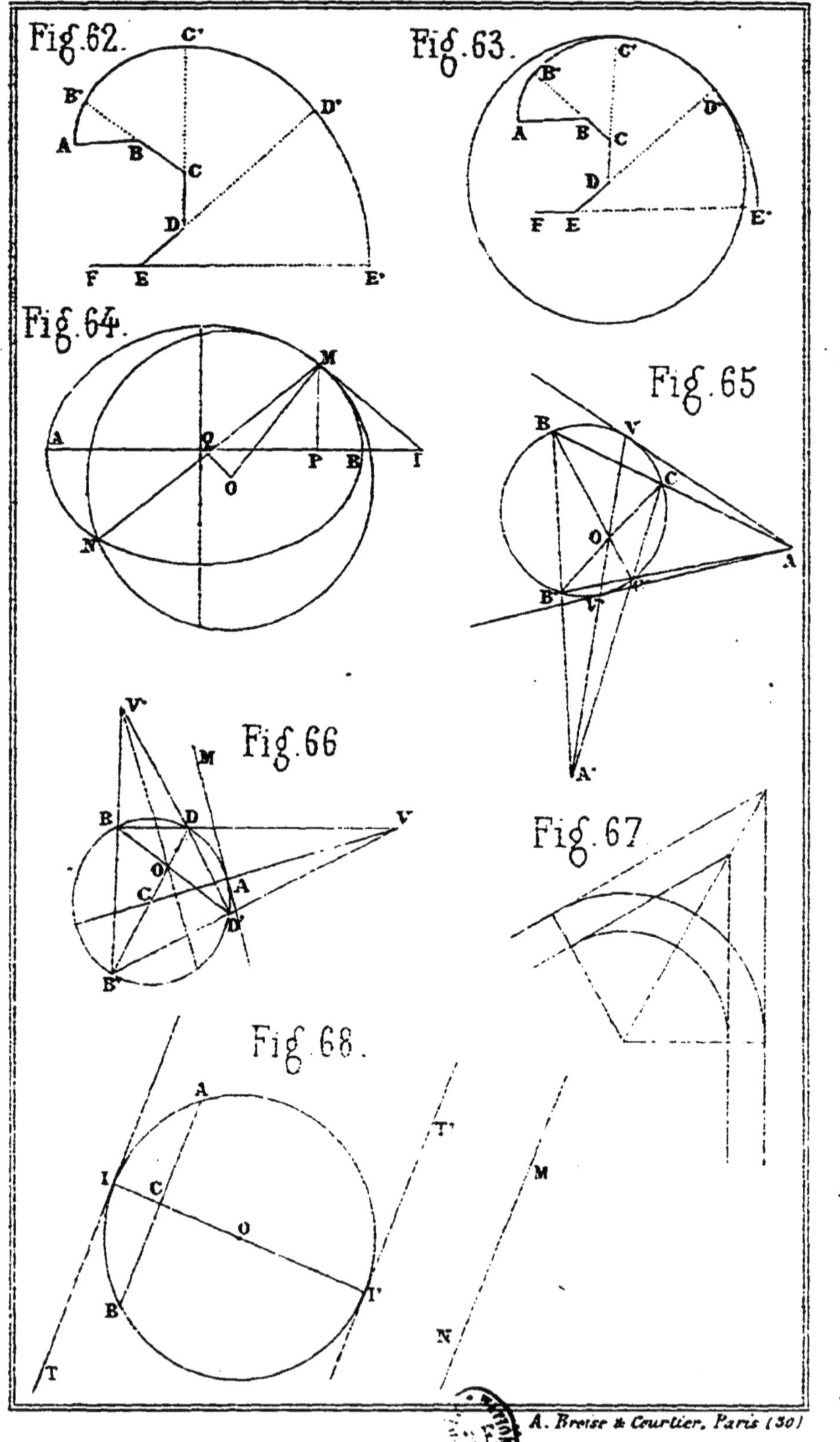

A. Breise & Courtier, Paris (30)

PLANCHE 10

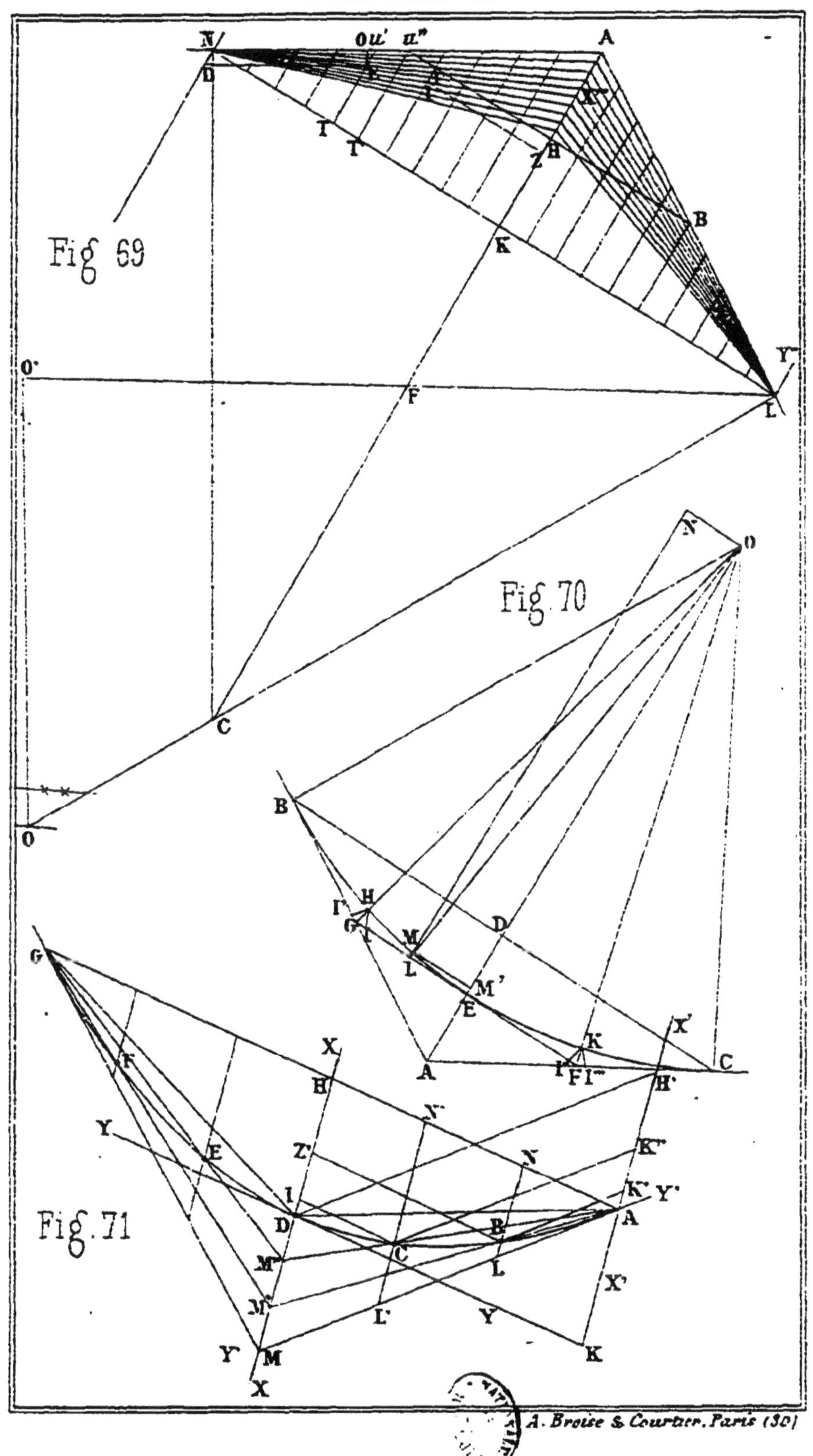

Annotations mises dans le prolongement des ordonnées obliques et normales pour ne pas compliquer la figure 74.

a b' c' d' e' &c. représentent les ordonnées obliques TM' NI' &c.
a b c d e &c. représentent les ordonnées normales TM NI &c.
Enfin les normales a'' b'' c'' &c., qui ont servi à projeter sur AM' les ordonnées obliques a b' c' &c., ont procuré les projections M u i o &c. de ces ordonnées obliques, lesquelles projections sont représentées aussi par abréviation dans le tableau ci-dessous par a''' b''' c''' &c.

Ordonnées

		Obliques sur AM'		Normales sur DM'	Normales sur AM'	Projections sur AM'
25m. »	=	a	=	a	a'' = 17m 67	a''' = 17m 67
20.25	=	b'	=	b	b'' = 14.31	b''' = 14.31
16. »	=	c'	=	c	c'' = 11.31	c''' = 11.31
12.25	=	d'	=	d	d'' = 8.66	d''' = 8.66
9. »	=	e'	=	e	e'' = 6.36	e''' = 6.36
6.25	=	f'	=	f	f'' = 4.41	f''' = 4.41
4. »	=	g'	=	g	g'' = 2.82	g''' = 2.82
2.25	=	h'	=	h	h'' = 1.59	h''' = 1.59
1. »	=	k'	=	k	k'' = 0.70	k''' = 0.70
0.25	=	m'	=	m	m'' = 0.17	m''' = 0.17

Éléments principaux d'un angle de 90° raccordé par une parabole ayant pour axe la bissectrice de l'angle et dont le rayon minimum de courbure est de 200m, savoir :

Paramètre	400m. »
Demi-corde CH	200, »
Tangente BH = Tangente AB	282, 84
Tangente DM'' =	100, »
Flèche CD =	100, »
Partie extérieure BD =	100, »
Normale HO	282, 84
Grandeur de l'arc ADH	459, 10
Rayon de courbure du point H = 2HO =	565, 68

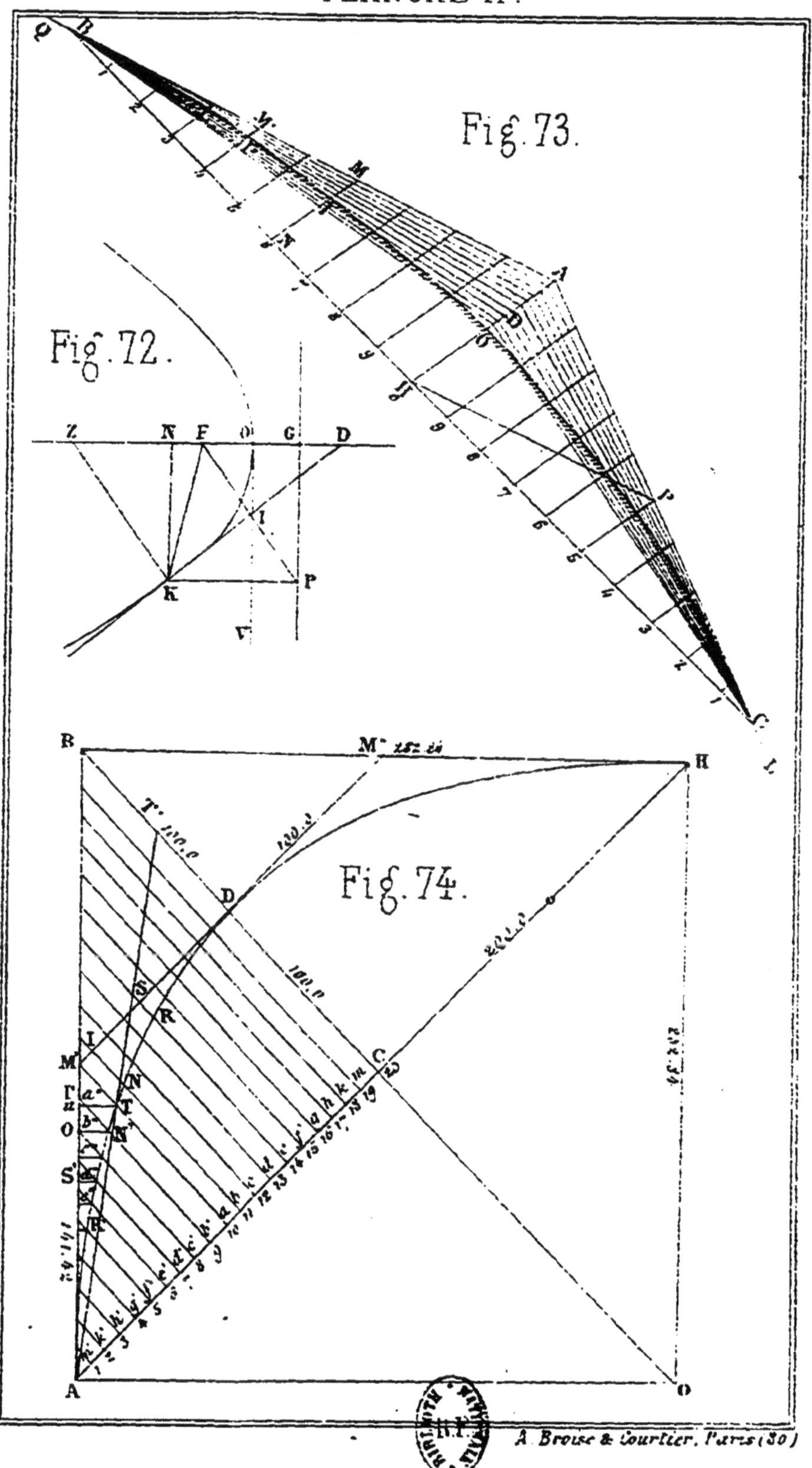

A. Broise & Courtier, Paris (30)

PLANCHE 12.

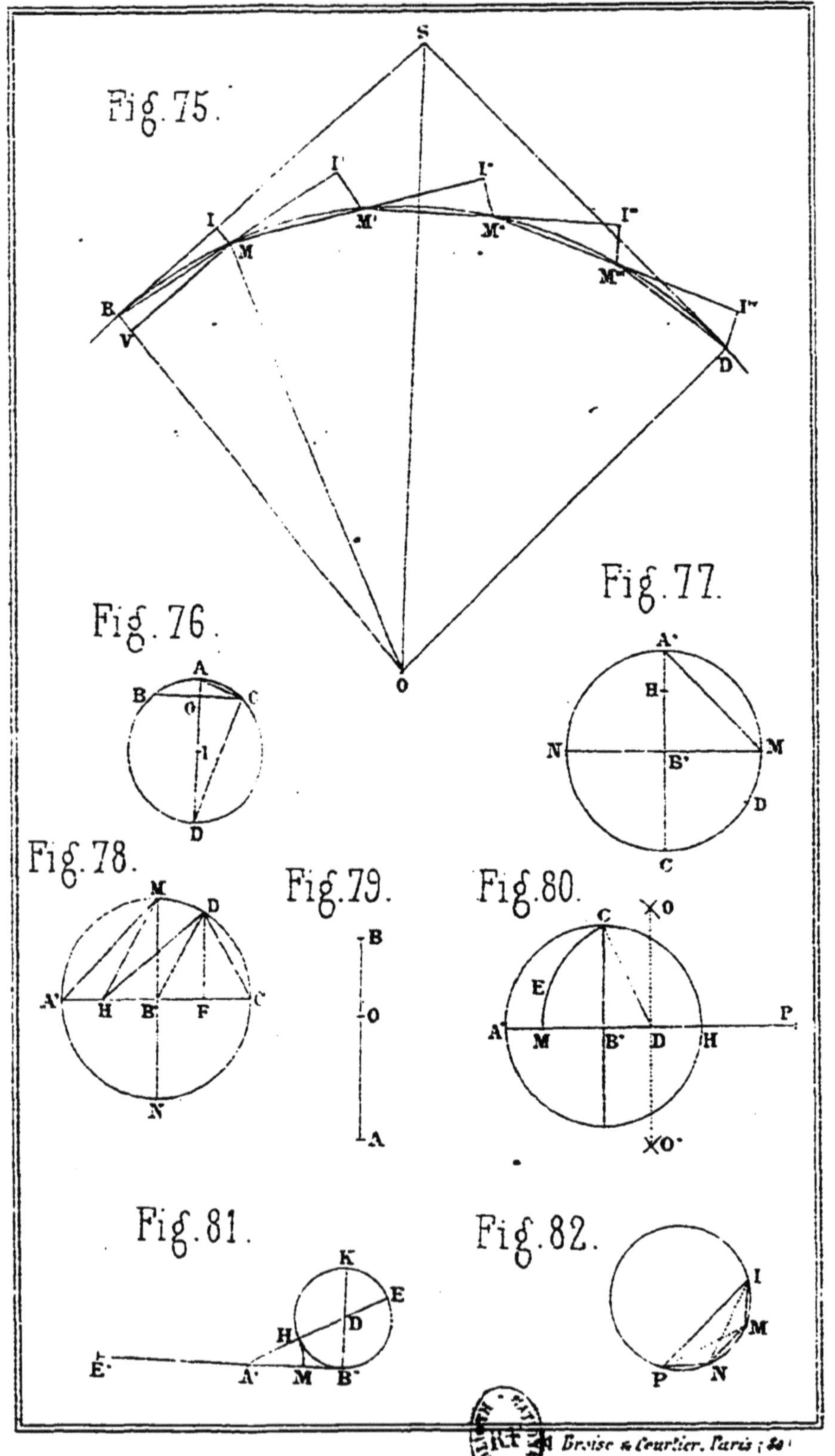

Broise & Courtier, Paris

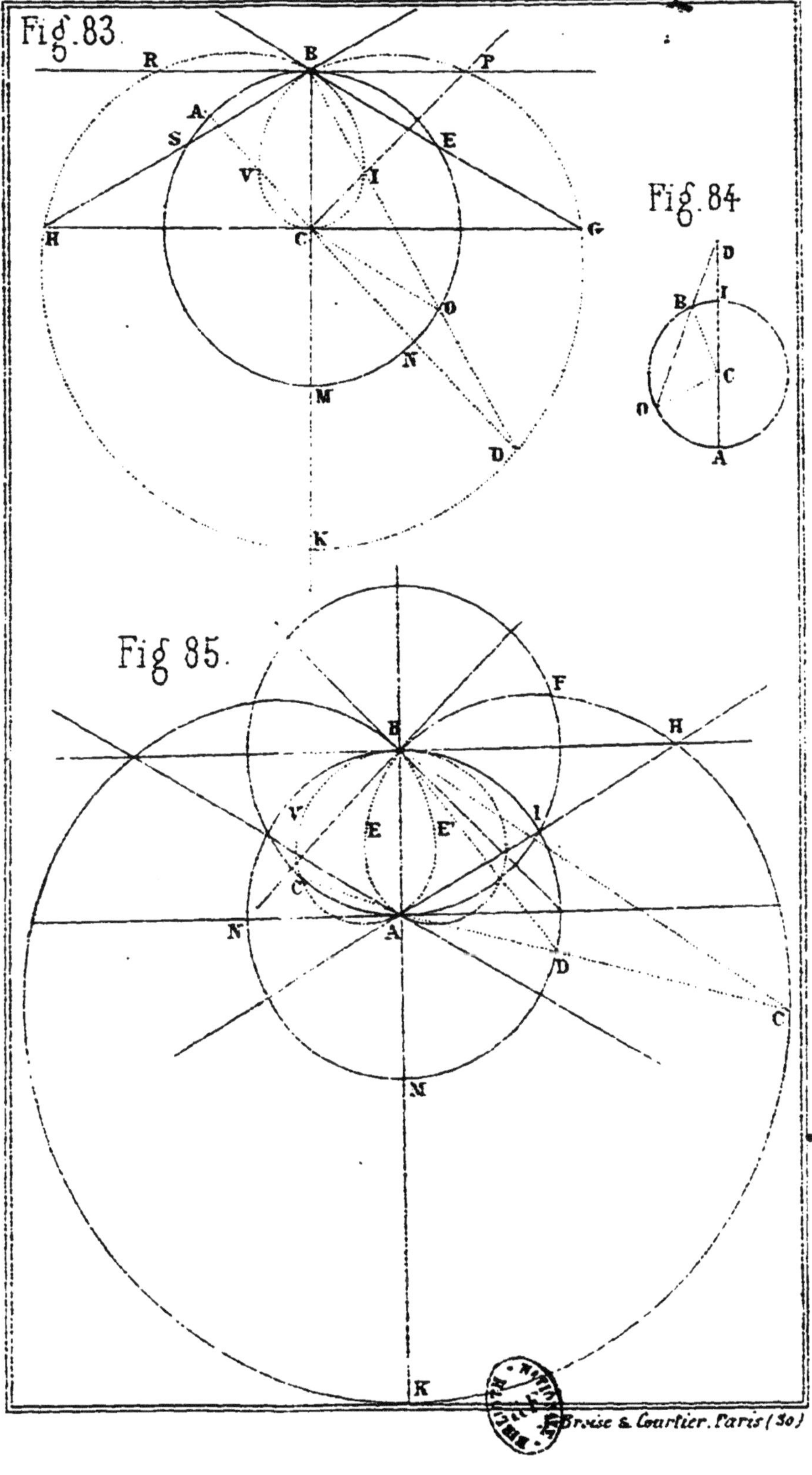

Broise & Courtier. Paris (30)

PLANCHE 14

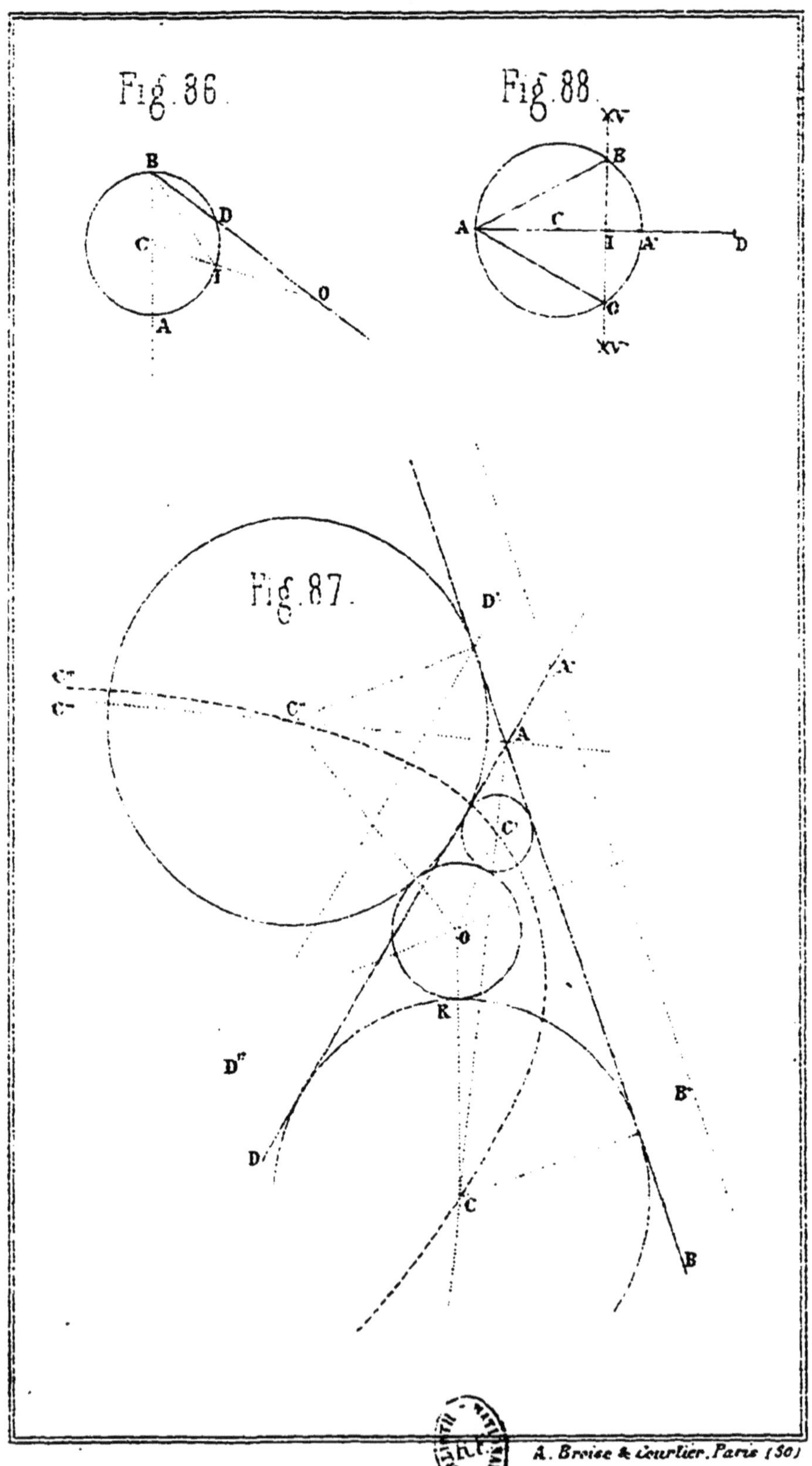

A. Broise & Courlier, Paris (50)

PLANCHE 15.

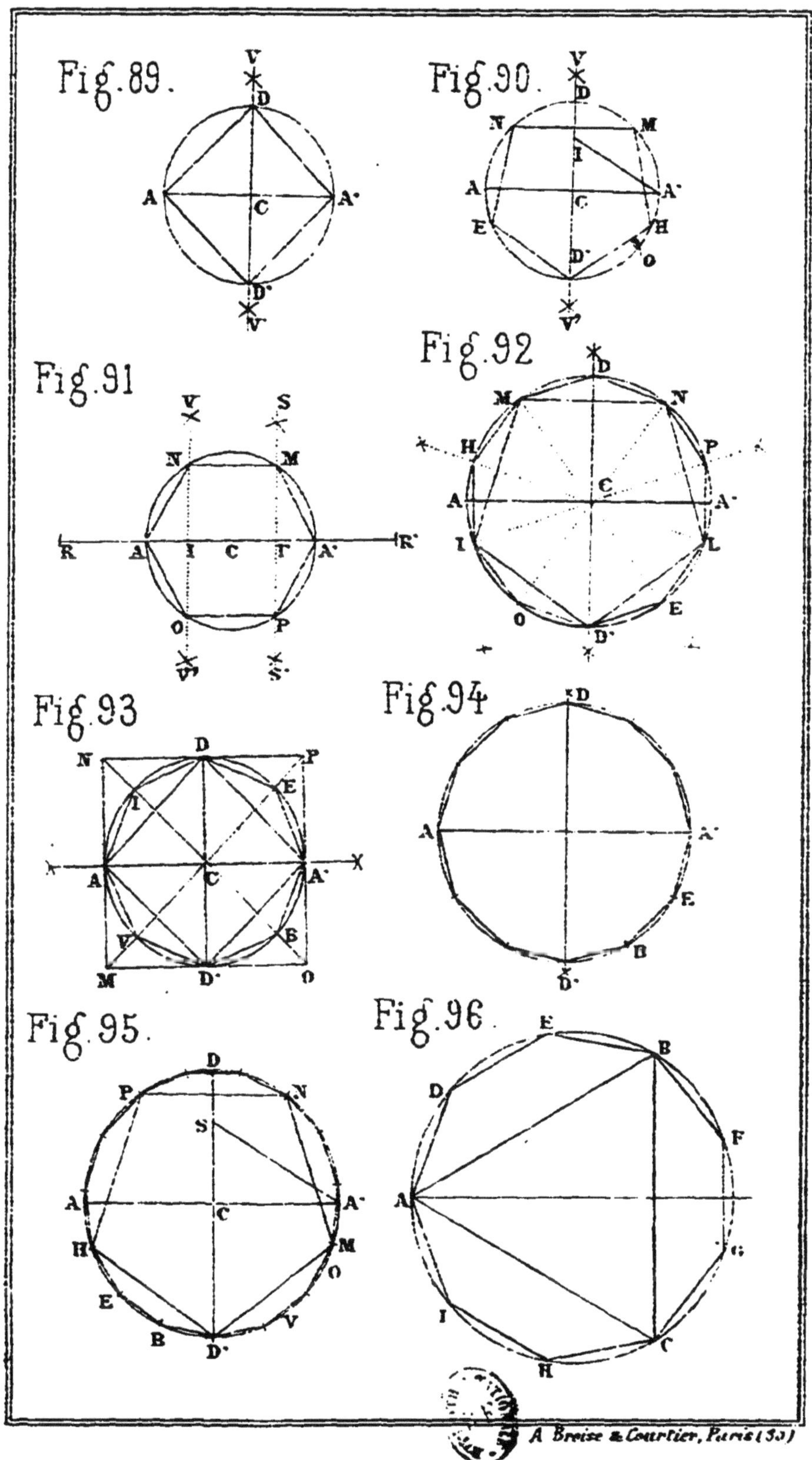

A. Broise & Courtier, Paris (3.)

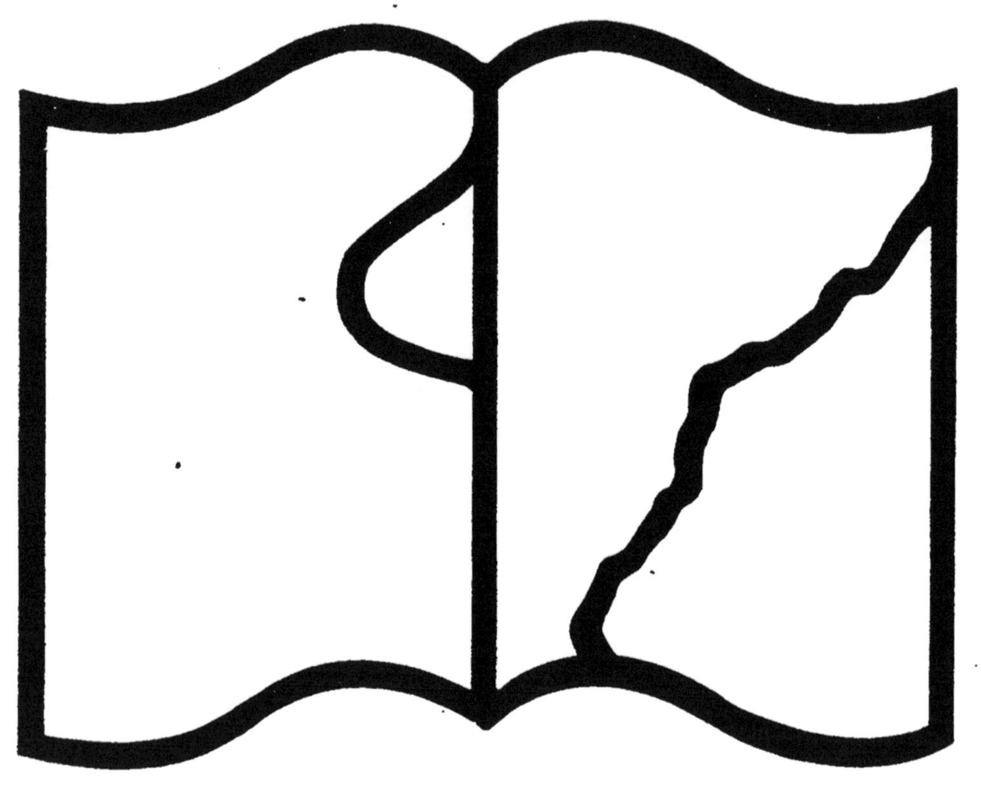

Texte détérioré — reliure défectueuse

NF Z 43-120-11

www.ingramcontent.com/pod-product-compliance
Ingram Content Group UK Ltd.
Pitfield, Milton Keynes, MK11 3LW, UK
UKHW012041240726
13965UKWH00003B/965

9 782013 479042